航天科技图书出版基金资助出版

行星科学的机器学习

Machine Learning
for Planetary Science

［德］乔恩·赫尔伯特（Joern Helbert）
［德］马里奥·达莫尔（Mario D'Amore）
［美］迈克尔·埃（Michael Aye）　　　　　著
［美］汉娜·克纳（Hannah Kerner）

安　源　杨开忠　姜　宇　陈　爽　译

中国宇航出版社
·北京·

版权所有　侵权必究

图书在版编目（ＣＩＰ）数据

　行星科学的机器学习 /（德）乔恩・赫尔伯特
(Joern Helbert）等著；安源等译．－－北京：中国宇
航出版社，2024.8
　书名原文：Machine Learning for Planetary Science
　ISBN 978－7－5159－2308－6

　Ⅰ.①行… Ⅱ.①乔… ②安… Ⅲ.①机器学习－应
用－行星物理学 Ⅳ.①P185

　中国国家版本馆 CIP 数据核字(2023)第 204892 号

| 责任编辑 | 赵宏颖 | | 封面设计 | 王晓武 |

出 版
发 行　**中国宇航出版社**

社　址	北京市阜成路 8 号 邮　编 100830		版　次	2024 年 8 月第 1 版
	(010)68768548			2024 年 8 月第 1 次印刷
网　址	www.caphbook.com		规　格	787×1092
经　销	新华书店		开　本	1/16
发行部	(010)68767386　(010)68371900		印　张	11.25　彩插 8 面
	(010)68767382　(010)88100613 (传真)		字　数	286 千字
零售店	读者服务部　(010)68371105		书　号	ISBN 978－7－5159－2308－6
承　印	天津画中画印刷有限公司		定　价	88.00 元

本书如有印装质量问题，可与发行部联系调换

航天科技图书出版基金简介

航天科技图书出版基金是由中国航天科技集团公司于 2007 年设立的，旨在鼓励航天科技人员著书立说，不断积累和传承航天科技知识，为航天事业提供知识储备和技术支持，繁荣航天科技图书出版工作，促进航天事业又好又快地发展。基金资助项目由航天科技图书出版基金评审委员会审定，由中国宇航出版社出版。

申请出版基金资助的项目包括航天基础理论著作，航天工程技术著作，航天科技工具书，航天型号管理经验与管理思想集萃，世界航天各学科前沿技术发展译著以及有代表性的科研生产、经营管理译著，向社会公众普及航天知识、宣传航天文化的优秀读物等。出版基金每年评审 2 次，资助 30～40 项。

欢迎广大作者积极申请航天科技图书出版基金。可以登录中国航天科技国际交流中心网站，点击"通知公告"专栏查询详情并下载基金申请表；也可以通过电话、信函索取申报指南和基金申请表。

网址：http：//www.ccastic.spacechina.com

电话：(010) 68767205，68767805

译者序

　　《行星科学的机器学习》是一本横跨行星科学、机器学习、人工智能、软件分析、工程实践等多个领域的专著。作者介绍了多年来对机器学习理论应用于行星科学探测的理解，通过深入浅出的理论阐述，利用索取行星公开数据的工具，对行星探测、着陆车等方面的典型实例进行了详细的分析，较为全面地介绍了机器学习方法在行星科学中的理论分析、工具应用与实例分析全过程。本书针对性强，阐述详尽，可供行星探测、行星科学相关领域的研究、研发、学习人员阅读、参考。

　　作为一本将人工智能方法应用于行星科学中进行数据理解和应用的图书。本书面向行星科学研究人员，提供通过人工智能方法和相关软件研究行星探测任务中非线性数据使用和理解的工具。本书主要从数学理论入手，阐述了当下行星任务中的新型、特殊挑战，也就是使用机器学习理论进行行星探测所需解决的问题，并介绍了机器学习的基础知识与分类，以及将机器学习方法应用于行星科学分析的特点和要素；之后对当今世界如何获取并分析行星数据的来源、方法进行了介绍，并讲解了如何使用当下流行的 Python 高光谱分析工具（PyHAT）访问、处理和标记行星科学数据（PDS）图像数据；再者，作者使用科学工具及人工智能的方法论，通过分析水星大气与表面成分光谱仪、土星风暴图以及行星漫游车的科学实践及实操过程，阐述了人工智能应用于行星科学的观点与要素，"手把手"利用工具截图、网站获取、工具使用截图的方法对行星探测数据进行了分析演示；最后结合机器学习回归模型与贝叶斯模型，通过分析解释遥感数据，讲解了机器学习深层次应用于行星科学的方法论。本书作者是多年从事行星科学研究的人员，不但具有较深刻的行星科学理解，同时，作者熟练掌握了当下各类行星科学工具软件，并在本书中做了详细的使用经验演示，充分利用人工智能及科学软件工具对行星科学数据进行分析，极大提高了分析效率。因此，本书是一本站在理论前沿，与科学工具及人工智能方法深度结合的佳作。

　　本书是面向航天、行星科学专业高校师生、科研从业者及爱好者的一本不可多得的书籍。对该类读者加深理解行星科学人工智能方法论、提升实际从业经验，有着非常重要的指导意义。

安源负责第 1～4 章的翻译，杨开忠负责第 5～7 章的翻译，姜宇负责第 8～9 章的翻译，陈爽负责第 10 章及附录的翻译。本书在翻译和成稿过程中，得到了宇航动力学国家重点实验室领导和许多同志的帮助，在此一并表示感谢。其中，姜春生、匡冬梅、李安梁、高亚瑞玺参与了校对和部分内容的翻译工作，郐能建、孔博、车斌、朱俊参与了校对并提出了宝贵的修改建议，安源、姜宇负责全书校对和统稿。

由于译者水平有限，书中难免出现纰漏和不妥之处，敬请广大读者批评指正。

作者

2023 年 3 月

贡献者

Rafael Alanis

加利福尼亚理工学院喷气推进实验室，帕萨迪纳，加利福尼亚州，美国

R. B. Anderson

美国地质调查局天体地质科学中心，弗拉格斯塔夫，亚利桑那州，美国

I. P. Aneece

美国地质调查局天体地质科学中心，弗拉格斯塔夫，亚利桑那州，美国

Erik Asphaug

亚利桑那大学月球和行星实验室，图森市，亚利桑那州，美国

Deegan Atha

加利福尼亚理工学院喷气推进实验室，帕萨迪纳，加利福尼亚州，美国

Michael Aye

科罗拉多大学大气与空间物理实验室，博尔德，科罗拉多州，美国

Saverio Cambioni

麻省理工学院地球、大气和行星科学系，剑桥市，马萨诸塞州，美国

Joseph Campbell

卡内基梅隆大学，匹兹堡，宾夕法尼亚州，美国

Subhajit Chaudhury

东京大学信息与通信工程系，东京，日本

Flynn Chen

耶鲁大学，纽黑文，康涅狄格州，美国

加利福尼亚理工学院喷气推进实验室，帕萨迪纳，加利福尼亚州，美国

Shreyansh Daftry

加利福尼亚理工学院喷气推进实验室，帕萨迪纳，加利福尼亚州，美国

Mario D'Amore

德国航空航天中心（DLR），柏林，德国

Annie Didier

加利福尼亚理工学院喷气推进实验室，帕萨迪纳，加利福尼亚州，美国

Gary Doran

加利福尼亚理工学院喷气推进实验室，帕萨迪纳，加利福尼亚州，美国

Roberto Furfaro
亚利桑那大学系统与工业工程系，图森市，亚利桑那州，美国

L. R. Gaddis
美国地质调查局天体地质科学中心，弗拉格斯塔夫，亚利桑那州，美国
美国大学空间研究协会月球和行星研究所，休斯敦，得克萨斯州，美国

Kevin Grimes
加利福尼亚理工学院喷气推进实验室，帕萨迪纳，加利福尼亚州，美国

Tatsuaki Hashimoto
东京大学电气工程与信息系统系，东京，日本

Joern Helbert
德国航空航天中心（DLR），柏林，德国

Shoya Higa
加利福尼亚理工学院喷气推进实验室，帕萨迪纳，加利福尼亚州，美国

Tanvir Islam
加利福尼亚理工学院喷气推进实验室，帕萨迪纳，加利福尼亚州，美国

Yumi Iwashita
加利福尼亚理工学院喷气推进实验室，帕萨迪纳，加利福尼亚州，美国

Hannah Kerner
马里兰大学，帕克分校，马里兰州，美国

Olivier Lamarre
加拿大多伦多大学，多伦多，安大略省，加拿大
加利福尼亚理工学院喷气推进实验室，帕萨迪纳，加利福尼亚 州，美国

Christopher Laporte
加利福尼亚理工学院喷气推进实验室，帕萨迪纳，加利福尼亚州，美国

J. R. Laura
美国地质调查局天体地质科学中心，弗拉格斯塔夫，亚利桑那州，美国

Steven Lu
加利福尼亚理工学院喷气推进实验室，帕萨迪纳，加利福尼亚州，美国

Chris Mattman
加利福尼亚理工学院喷气推进实验室，帕萨迪纳，加利福尼亚州，美国

R. Michael Swan
加利福尼亚理工学院喷气推进实验室，帕萨迪纳，加利福尼亚州，美国

Masahiro Ono
加利福尼亚理工学院喷气推进实验室，帕萨迪纳，加利福尼亚州，美国

Kyohei Otsu
加利福尼亚理工学院喷气推进实验室，帕萨迪纳，加利福尼亚州，美国

Jordan Padams

加利福尼亚理工学院喷气推进实验室，帕萨迪纳，加利福尼亚州，美国

Sebastiano Padovan

德国航空航天中心（DLR），柏林，德国

欧洲气象卫星应用组织，达姆施塔特，德国

WGS，达姆施塔特，德国

Mike Paton

加利福尼亚理工学院喷气推进实验室，帕萨迪纳，加利福尼亚州，美国

Dicong Qiu

卡内基梅隆大学，匹兹堡，宾夕法尼亚州，美国

加利福尼亚理工学院喷气推进实验室，帕萨迪纳，加利福尼亚州，美国

Brandon Rothrock

加利福尼亚理工学院喷气推进实验室，帕萨迪纳，加利福尼亚州，美国

Hiya Roy

东京大学电气工程与信息系统系，东京，日本

Sami Sahnoune

加利福尼亚理工学院喷气推进实验室，帕萨迪纳，加利福尼亚州，美国

Bhavin Shah

加利福尼亚理工学院喷气推进实验室，帕萨迪纳，加利福尼亚州，美国

Kathryn Stack

加利福尼亚理工学院喷气推进实验室，帕萨迪纳，加利福尼亚州，美国

Adam Stambouli

加利福尼亚理工学院喷气推进实验室，帕萨迪纳，加利福尼亚州，美国

Mark Strickland

亚利桑那州立大学，坦佩，亚利桑那州，美国

Vivian Sun

加利福尼亚理工学院喷气推进实验室，帕萨迪纳，加利福尼亚州，美国

Virisha Timmaraju

加利福尼亚理工学院喷气推进实验室，帕萨迪纳，加利福尼亚州，美国

Kiri L. Wagstaff

加利福尼亚理工学院喷气推进实验室，帕萨迪纳，加利福尼亚州，美国

Ingo P. Waldmann

英国伦敦大学学院，伦敦，英国

Toshihiko Yamasaki

东京大学信息与通信工程系，东京，日本

前　言

自行星探索开始以来，人类就使用机器人探索太阳系中的其他行星。阿波罗时代，机器结构的宇宙飞船先于人类登陆月球，以收集有关月球表面特征和着陆地点等关键信息。如今，科学家们使用搭载照相机、光谱仪及其他仪器的毅力号和好奇号探测车，对火星表面进行详细的科学分析与实地地质考察。如今，人类正在使用 20 多个探测器积极探索太阳系行星及其他星体，未来十年这一数字还会变得更大[1]。人类将越来越多携带精密仪器的探测器发射到太阳系，从而使每次观测都能获得更多可供科学家分析的信息，增加了现存行星探测任务数据量。图 0 - 1 证明了这一点。它展示了 1965 年拍摄的第一张火星照片，以及近 50 年后的 2014 年拍摄的另一张火星特写照片。科学家需要采用一种不同的机器手段，即机器学习，来分析过去、现在和未来行星探测任务所获取的数据。机器学习是人工智能的分支领域，它可以自动从数据中学习、感知与预测。

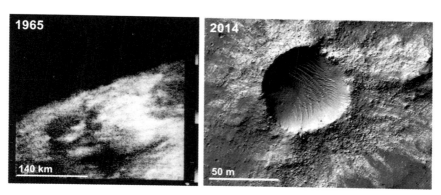

图 0 - 1　左图：1965 年 7 月 15 日，水手 4 号探测器拍摄的第一张火星特写照片（资料来源：NASA/JPL - Caltech）；右图：2014 年 1 月 9 日，HiRISE 拍摄的火星撞击坑图像（资料来源：NASA/JPL - Caltech/UA）

机器学习是一门广泛涉及方法、模型、学习类型及机器行为的学科。行星科学中，机器学习可通过揭示人类难以分析的大型复杂数据集中感兴趣的模式或特征，通过激发基于数据结构和模式的新假设或自动完成繁杂或耗时的任务等多种方式，促进科学发现与分析。本书的目标是在机器学习和行星科学领域之间建造一座桥梁，使行星科学领域能够应用更多的机器学习方法，同时也可提高机器学习领域使用行星科学数据的效率。本书第一部分将介绍机器学习的基础知识、机器学习应用于行星科学数据集的特点、使用机器学习模型的规则以及当读者需要更深入地理解机器学习方法时所需的资源。第二部分将介绍行星科学领域面临的数据类型及挑战。第三部分将介绍机器学习应用准备及访问行星科学数据集的教程。最后一部分则将引入几个案例，详细介绍如何在各种行星科学应用和数据类型中实现机器学习。

参 考 文 献

［1］ E. Lakdawalla，Where we are，The Planetary Report（2019）22 – 23.

目　录

第 1 章　机器学习简介 ·· 1

1.1　机器学习方法概述 ·· 1

1.2　监督学习 ·· 2

1.2.1　分类 ··· 2

1.2.2　回归分析 ·· 3

1.3　无监督学习 ··· 4

1.3.1　聚类分析 ·· 5

1.3.2　降维 ··· 5

1.4　半监督学习 ··· 6

1.4.1　自我训练 ·· 6

1.4.2　期望最大化的自我训练 ·· 7

1.4.3　协同训练 ·· 8

1.5　主动学习 ·· 8

1.5.1　不确定度采样 ··· 8

1.5.2　委员会查询 ··· 9

1.6　流行的机器学习方法 ··· 9

1.6.1　主成分分析法 ··· 9

1.6.2　K 均值聚类 ·· 10

1.6.3　支持向量机 ·· 10

1.6.4　决策树与随机森林法 ··· 11

1.6.5　神经网络 ··· 12

1.7　数据集准备 ·· 14

参考文献 ·· 16

第 2 章　行星任务中独特的新挑战 ··· 19

2.1　跨越 50 年的水星探测 ·· 19

2.2　大型复杂数据返回面临的挑战 ·· 23

2.3　面对未知 ··· 24

2.4　行星科学中的机器学习 ··· 25

参考文献 ……………………………………………………………………… 26

第 3 章　行星数据的查找与读取 ……………………………………… 29

3.1　数据采集 …………………………………………………………… 29

3.1.1　简介 ………………………………………………………… 29

3.1.2　数据处理级别 ……………………………………………… 29

3.1.3　PDS …………………………………………………………… 30

3.1.4　欧洲空间局行星科学档案 ………………………………… 35

3.1.5　使用 Python 读取数据 …………………………………… 36

3.1.6　要查看的空间 ……………………………………………… 39

第 4 章　Python 高光谱分析工具（PyHAT）简介 ………………… 40

4.1　简介 ………………………………………………………………… 40

4.2　PyHAT 库结构 …………………………………………………… 41

4.3　PyHAT 轨道 ……………………………………………………… 43

4.3.1　紧凑型火星侦察成像分光计（CRISM） ………………… 44

4.3.2　月球矿物学制图仪（M³） ………………………………… 46

4.3.3　Kaguya 光谱剖面仪 ……………………………………… 48

4.4　原位 PyHAT …………………………………………………… 52

4.4.1　基线删除示例 ……………………………………………… 54

4.4.2　回归分析示例 ……………………………………………… 56

4.4.3　数据勘探示例 ……………………………………………… 56

4.4.4　校准转移 …………………………………………………… 58

4.5　结论 ………………………………………………………………… 61

参考文献 ……………………………………………………………… 64

第 5 章　教程：如何访问、处理和标记用于机器学习的 PDS 图像数据 … 69

5.1　简介 ………………………………………………………………… 69

5.2　访问 PDS 数据产品 ……………………………………………… 70

5.2.1　PDS 成像图集 ……………………………………………… 70

5.2.2　PDS 成像节点数据门户 …………………………………… 71

5.3　对 PDS 数据产品进行标准图像格式预处理 …………………… 73

5.3.1　PDS 图像数据产品 ………………………………………… 74

5.3.2　PDS 浏览图像 ……………………………………………… 74

5.3.3　转换 PDS 图像数据产品 ………………………………… 75

5.4　标记图像数据 ……………………………………………………… 77

5.4.1　公开可用的标记图像数据集 ……………………………… 77

5.4.2　用于标记图像数据的工具 ………………………………… 79

5.5　PDS 图像分类器示例结果 ……………………………………… 81

5.5.1　训练集、验证集和测试集 ……………………………………… 81

5.5.2　模型微调 ………………………………………………………… 81

5.5.3　模型校准与性能 ………………………………………………… 81

5.5.4　访问 HiRISeNet 分类结果 …………………………………… 82

5.6　总结 …………………………………………………………………… 83

参考文献 …………………………………………………………………… 84

第 6 章　通过学习特定模式回归模型进行行星图像补绘 ………… 85

6.1　简介 …………………………………………………………………… 85

6.2　相关工作 ……………………………………………………………… 86

6.3　实验数据 ……………………………………………………………… 87

6.4　提出的方法 …………………………………………………………… 87

6.4.1　直方图聚类的无监督分离 ……………………………… 88

6.5　网络架构 ……………………………………………………………… 90

6.5.1　训练细节 ………………………………………………… 90

6.5.2　基于反射的信息增强方法 ……………………………… 91

6.6　实验结果 ……………………………………………………………… 91

6.6.1　性能评估 ………………………………………………… 92

6.7　结论 …………………………………………………………………… 97

参考文献 …………………………………………………………………… 98

第 7 章　基于无监督学习的水星可见-近红外反射率光谱自动表面制图与分类 ……… 100

7.1　简介 …………………………………………………………………… 100

7.2　水星与 MASCS 仪器 ………………………………………………… 101

7.3　数据准备 ……………………………………………………………… 102

7.4　从多元数据中学习 …………………………………………………… 103

7.4.1　降维：ICA ……………………………………………… 103

7.4.2　流形学习 ………………………………………………… 104

7.4.3　聚类分析 ………………………………………………… 107

7.4.4　结论 ……………………………………………………… 109

参考文献 …………………………………………………………………… 112

第 8 章　绘制土星上的风暴图 ………………………………………… 116

8.1　介绍 …………………………………………………………………… 116

8.1.1　卡西尼-惠更斯号和氨云 ……………………………… 116

8.2　探索性主成分分析 …………………………………………………… 117

8.3　深度学习方法 ………………………………………………………… 118

8.3.1　预处理和预标记 ………………………………………… 120

　　8.3.2　神经网络 ·· 121

　　8.3.3　训练与超参数优化 ·· 122

　　8.3.4　分类验证 ·· 123

　8.4　土星特征图 ·· 124

　参考文献 ··· 127

第 9 章　行星漫游车的机器学习 ·· 130

　9.1　简介 ·· 130

　9.2　风险和资源感知型 AutoNav ··· 133

　　9.2.1　概述 ·· 133

　　9.2.2　地形分类 ·· 133

　　9.2.3　岩石灾害探测 ·· 136

　　9.2.4　基于视觉的滑移和驱动能量预测 ···································· 137

　9.3　科学驾驶 ·· 139

　　9.3.1　概述 ·· 139

　　9.3.2　SCOTI：地形图像的科学说明 ·· 139

　　9.3.3　图像相似性搜索 ·· 141

　　9.3.4　DBS 接口 ··· 141

　　9.3.5　科学家的 DBS 实验 ··· 142

　9.4　测试漫游车演示 ·· 143

　9.5　结论与未来工作 ·· 144

　参考文献 ··· 146

第 10 章　结合机器学习回归模型和贝叶斯推断来解释遥感数据 ······ 149

　10.1　对精确快进功能的需求 ·· 149

　10.2　反问题的贝叶斯方法 ··· 149

　10.3　基于机器学习的代理模型 ·· 150

　10.4　案例研究：用代理模型约束小行星的热特性 ······················ 150

　　10.4.1　热物理模拟数据集 ··· 151

　　10.4.2　风化层与岩石混合物的红外代理模型 ···························· 152

　　10.4.3　Itokawa 热物理性质的贝叶斯推断 ································ 153

　10.5　数据融合的未来展望 ··· 154

　　10.5.1　遥感数据融合 ··· 154

　　10.5.2　行星形成理论 ··· 155

　　10.5.3　航天器自主性 ··· 155

　参考文献 ··· 157

第1章　机器学习简介

Hannah Kerner[a]，Joseph Campbell[b]，Mark Strickland[c]

[a]马里兰州大学，帕克分校，马里兰州，美国

[b]卡内基梅隆大学，匹兹堡，宾夕法尼亚州，美国

[c]亚利桑那州立大学，坦佩，亚利桑那州，美国

1.1　机器学习方法概述

广泛使用的机器学习定义来自于卡内基梅隆大学（Carnegie Mellon University）教授汤姆·米切尔（Tom Mitchell）："如果一个计算机程序在 T 任务上的表现（用 P 来衡量）随着经验 E 的提高而提高，那么它就可以从经验 E 中学习有关任务 T 和性能度量 P 的内容"，或者说"机器学习是对于通过经验自动改进计算机算法的研究"[21]。换言之，机器学习是利用经验（以数据或观测结果的形式）来学习某个任务，而任务的学习效果通过某种性能指标来衡量。例如，垃圾电子邮件过滤系统是机器学习的典型用例：计算机程序通过观察、学习数百万个已知为垃圾邮件或非垃圾邮件的示例，将电子邮件分类为垃圾邮件或非垃圾邮件，这一学习效果以正确区分电子邮件的百分比（准确度）为衡量标准。大部分机器学习都在优化环境中建模。其中，学习任务被定义为通过优化目标函数 $\gamma = (x，\theta)$ 来学习函数（其中 x 是一个或多个输入特征）的参数 θ（权重或系数），其中 γ 为正确的值或标签（例如垃圾邮件或非垃圾邮件），γ' 为预测值或标签[21]。目标函数 $C(\gamma，\gamma')$（也称为损失函数）对 γ' 与 γ 进行比较，量化预测值与正确值的近似程度。

机器学习是广阔的人工智能（AI）领域中的一个子方法集。描述图像、视频或其他视觉内容感知（包括识别和理解）方法的计算机视觉也是人工智能子领域。尽管计算机视觉可以从非机器学习方法（nonML）中获得（如 SIFT 算法，即尺度不变特征转换[20]），但机器学习方法（如卷积神经网络）常用于计算机视觉任务（如探测火星卫星图像中的陨石坑），因此计算机视觉和机器学习之间存在大量重叠。本书重点研究涉及行星科学的广义机器学习方法，包括但不限于计算机视觉任务。

机器学习方法通常分为以下几种类型：

1）监督学习；

2）无监督学习；

3）半监督学习。

以上每种方法都代表了一种基于不同输入数据的学习模型。监督学习的数据包括"特征向量"和"标签"。特征向量是一个值（或一组值），用于表示特定数据样本的可观测特征。反过来，标签用于表示该样本的实际输出。例如，一个样本可以由图像形式的特征向量（表示为像素值的向量）和以范畴或"种类"的形式描述图像的整数标签组成。图 1-1

展示了一个用于分辨图像是否包含陨石坑的输入示例：输入特征是图像的像素，如果图像包含陨石坑，则类标签为 1，如果不包含陨石坑，类标签则为 0。这是一种被称为分类监督学习的例子，在这种学习中，机器学习模型将输入特征映射到离散的输出类。这类监督学习示例被称为分类，其中机器学习模型将输入特征映射到离散输出类。第二类监督学习称为回归，其中模型将输入特征映射为连续输出值（即实数）。例如，可以训练一个模型来预测图像中陨石坑的偏心率：输入特征是像素值，输出是陨石坑的实值偏心率（图 1-1）。

无监督学习的输入数据是相似的，但没有可用于训练的标签。本书后续章节将详细讨论监督学习和无监督学习的方法。半监督学习的模型在训练中同时使用有标记样本和未标记样本。多数应用中，可用的未标记样本远远多于有标记样本，行星科学领域尤为如此。这种现象部分归根于标签比传统机器学习应用更难获得，因为标签需要大量特定知识，或者很难明确定义。对于多数行星科学应用而言，可能只有少量数据（无论标记或不标记）需要专门的方法。1.4 节将介绍处理小标记数据集的方法，包括半监督学习。

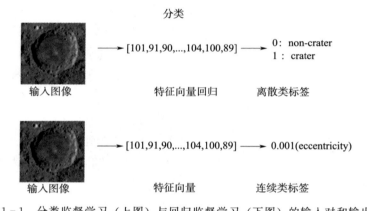

图 1-1 分类监督学习（上图）与回归监督学习（下图）的输入对和输出对

1.2 监督学习

监督学习指这样一套机器学习技术：模型从输入的示例中进行学习，而每个示例都包含一个相关的标签。监督学习技术主要分为两类，一是分类，即模型预测为离散类或标签；二是回归，即模型预测是连续的（即实数）。

1.2.1 分类

监督分类问题促进形成了诸多机器学习解决方案。但数据样本通常需要人为标记，因此在实际应用中，要花费大量精力完成编译训练数据集的工作。例如，为了训练模型对图像中是否包含陨石坑进行分类（图 1-1），必须首先将一个包含数百或数千个图像示例的数据集及标记"陨石坑"或"非陨石坑"的标签组装起来。第 5 章将详细讨论标记行星科学数据集的技术，而 1.4 节将讨论如何利用少量标记的示例进行分类，涉及对给定输入进行类预测的内容。学习模型本质上是一个将输入特征值映射到输出类值的函数，如图1-2所示。

图 1-2　作为函数的分类器

"线性分类器"是最简单的分类器之一，其中将输入映射到输出的函数是一个线性函数。例如，区分两个类输入的简单线性函数为

$$\gamma(x) = \boldsymbol{W}^{\mathrm{T}} \boldsymbol{x} + w_0 \tag{1-1}$$

式中　$\boldsymbol{x}$ ——输入特征向量；

　　　$\boldsymbol{W}$ ——权重矩阵；

　　　w_0 ——偏差。对于该函数，可用"决策规则"来区分类别

$$\gamma = \begin{cases} C_1 & \gamma(x) \geqslant 0 \\ C_2 & \text{其他} \end{cases} \tag{1-2}$$

因此，"判定边界"由线性关系定义，这是一个维度为 N 的超平面 $N-1$，其中 N 为输入特征的维度。图 1-3（a）中的二维特征向量示例是表征线性分类器的一种方法。圆圈表示 C_1 类数据样本，正方形表示 C_2 类数据样本，虚线表示分隔类别的判定边界。

如图 1-3（a）所示，虽然边界是条简单的线，但对应每个类别的数据不可线性分离（如图 1-3（b））。在这种情况下，需要找到非线性决策边界的模型（如支持向量机和其他基于核的方法，或神经网络）或不同的特征提取方法，使类别线性可分离。

开发监督分类器的一个常见障碍是过拟合，通常发生在分类模型参数对训练数据具有极好效果，但对训练时未曾遇到的数据（例如，测试或验证数据）却表现极差的情况中。图 1-4 显示了发生过拟合的决策边界示例。当模型参数专门针对所使用的训练样本而不是样本的底层分布进行定制时，就会出现这个问题。在这个例子中，选择一个高阶多项式来分离类别 C_1 和 C_2（虚线为决策边界），但底层分布或可使用更简单的决策边界（如线性）和更少的模型参数进行近似。

1.2.2　回归分析

回归涉及从与输入特征相对应的连续可能值范围中预测一个实数。它可以被认为类似于曲线拟合，即在给定一个特定输入的情况下，回归模型预测出一个最适用于训练模型数据的相应输出。典型示例为，在给定一个包含温度、湿度和风速值的特征向量的情况下，预测与天气相关的参数，比如气压。另外一个例子是预测股票或债券价格随时间而产生的变化。

回归模型可以采用输入特征向量的线性或非线性函数的形式。选择回归模型的过程包括选择模型的阶数。根据曲线拟合分析方法，选择回归模型类似于选择适合拟合训练数据

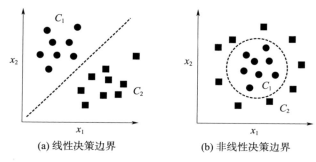

(a) 线性决策边界　　　　　　　(b) 非线性决策边界

图 1-3　分离两类数据样本的线性决策边界

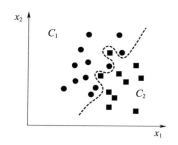

图 1-4　过拟合示例

样本的多项式的阶数。如果选择一阶多项式，则结果为线性回归模型。如果选择二次多项式或高阶多项式，则结果为非线性回归模型。

例如，如果我们使用线性回归对一个由具有相应连续标签的多个数据样本组成的训练数据集进行建模，那么在本质上，我们是将以下线性模型拟合到训练数据样本中

$$f(\boldsymbol{x}) = w_1 \boldsymbol{x} + w_0$$

式中　w_1，w_0——模型参数，也称为回归系数；

　　　　$\boldsymbol{x}$ ——输入特征向量，是输出预测值（或标签）。

对于具有训练数据样本的特定数据集，可以使用常用方法来确定模型参数或回归系数（如最小二乘法），尝试寻找使预测值与给定标签值之间的误差最小化的系数。

1.3　无监督学习

无监督学习是指数据集包含未标记数据样本的机器学习技术。无监督学习模型可用于将类似数据样本分组（聚类），或将输入特征向量映射到替代（即简化或更紧凑）表示中（降维）。本节将详细描述这些应用程序。其他类型的无监督学习应用还包括异常检测和概率密度估计。

一般说来，用于无监督学习的学习模型与前一节中描述的用于监督学习的学习模型不同。这是因为无监督学习模型的输入没有相应的标签，因此模型必须在学习过程中优化不同的目标，例如概率分布下样本的相似性。无监督学习模型可以深入了解数据集的底层结

构（例如识别热红外光谱数据集中的矿物类别），将高维数据样本转换为可用作监督技术输入的显著特征，并根据行星数据集中检测到的模式激发新的假设。

1.3.1　聚类分析

聚类指将类似样本组合在一起的数据样本方式组织。例如，聚类算法可以用来将航天器仪器观察到的类似光谱分组，并将表面矿物形成模式可视化。第 7 章描述了一个关于水星的例子，其中所形成的组或"聚类"往往表现为同一模式或展现出共性。如果不对样品进行更广泛的分析，这些模式或共性可能不会立即显现。由于组的数量有限（通常事先确定），聚类学习模型的输出是对每个组的识别，以及将每个数据样本分配至其中一个组。常用的聚类方法包括 K 均值聚类和谱聚类。

K 均值聚类指选择一个距离度量（如欧氏距离），并将其用于确定每对数据样本之间的距离。欧氏距离用于将数据样本划分为 k 个聚类，聚类内的距离平方和最小，且每个聚类至少包含一个数据样本。这种聚类方法的计算成本较高，因此创造出了一种能够迭代到局部极小值的近似算法，降低了计算成本。

谱聚类会生成一个相似矩阵，将每个数据样本与另一个数据样本联系起来（例如样本之间距离的倒数）。计算出相似矩阵 Laplacian 的特征值和特征向量，然后对特征向量使用聚类算法（例如 K 均值）。根据相似性矩阵的稀疏程度，谱聚类可比其他聚类方法的计算效率更高，同时还可改进连续数据样本组的集群定义，参见图 1 - 5。

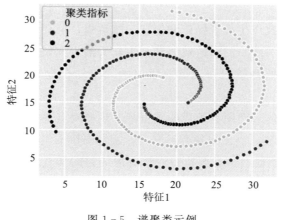

图 1 - 5　谱聚类示例

1.3.2　降维

当数据样本为高维时，多数方法的使用效果并不好，这被称为"维数魔咒"。在这种情况下，可使用自动降维的方法将高维数据样本转换为紧凑形式，以获取最显著的数据特征。这种简化形式可用于监督或无监督算法的输入，或对高维数据样本可视化。流形假设是降维的核心，该理论认为高维数据实际位于低维流形上，而低维流形可以用样本的潜在表征来表示。例如，在一个包含 100×100 px 的人脸图像数据集中，每个像素由 0~255

之间的整数值表示。该数据集中样本的维数为 $100 \times 100 = 10\ 000$。然而，这些数据的本征维度并不是 $10\ 000$。因为若从所有的 100×100 px 值的分布中随机取样，无法得到一张人脸。因此，数据必须位于低维流形。降维方法就是学习从高维数据到潜在表征的映射。常用降维算法包括主成分分析（PCA）、t 分布随机邻域嵌入（t - SNE）和自编码神经网络。

1.4　半监督学习

前文介绍了监督和无监督学习模式，它们分别利用标记数据和未标记数据了解数据集的潜在信息。然而，在行星科学领域，经常会出现标记数据不足以训练出精确的监督学习模型的情况。这是由以下因素造成的。

• 获取地球以外天体的数据极为困难，且需要规划多年任务，并对要使用哪些传感器以及在何处使用传感器进行严格管理。

• 创建准确的标签，如行星的图像注释，需要花费大量时间并具备高度专业的知识（因此难以采用众包或全民科学的手段）。

• 标签无法通过现场实地调查进行物理验证（特殊情况除外），因此必须小心处理低置信度注释。

• 对于距离地球较远的天体，通信带宽和功率将限制以物理形式传输回地球的数据量。例如，在进入内太阳系后，卡西尼号探测器传输数据的速率仅在 14 kbit/s 至 166 kbit/s 之间。

虽然这些因素会导致产生少量标记和未标记的数据，但现在我们关心的是一种更为常见的情况，即产生了有一组小的标记数据和一组较大的未标记数据。解决这一问题的一种方法是以互补的方式将监督学习和无监督学习的元素结合起来，从而形成恰当的半监督学习。

假设有一个由行星体表面图像组成的数据集，现要对其中每个图像是否包含一条当前的斜率线进行分类。这是一个二值分类问题，专家将图像子集注释为 $y=1$（包含异常）或 $y=0$（不包含异常）。然而，考虑到执行注释所需的时间和专业技能，我们标记的图像集只是可用图像集中的一小部分。半监督学习通过利用我们对未标记数据的了解，为改进分类器提供了一种方法。

1.4.1　自我训练

在最简单的情况下，我们在标记的图像集上训练分类器，并使用它来预测剩余的未标记图像的标签。然后，我们将最可靠的预测添加到标记的数据集中。分类器被重新训练，我们重复这个过程，直到所有的图像都被指定了标签。该过程如图 1 - 6 所示。分类器通过自己的预测重复构建标记数据集，在某种意义上是在训练自己，因此被称为自我训练[33]。

在每次迭代中选择要添加到训练集中的预测标签/图像对，这一过程尽管也可采用例

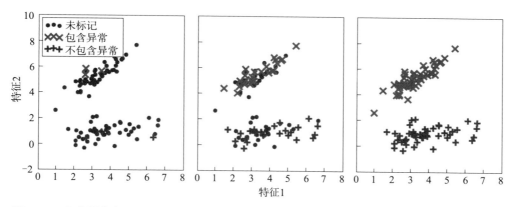

图 1-6　自我训练产生的标记数据点：初始（左），处理一半点后（中），处理所有点后（右）

如基于距离的其他选择指标，但通常基于置信度（因此需要对输出标签进行概率解释）[27]。

这是一种简单而灵活的方法，允许用户指定自己的分类模型。需要注意的是，我们假设分类器的预测实际上是正确的。如果情况并非如此，并且分类器做出不正确的预测，然后将其添加到标记的数据集中，则该算法可能会通过"加倍"重复自身错误而偏离真实的类标签，导致更糟糕的分类结果[35]。

1.4.2　期望最大化的自我训练

另外，我们也可以尝试在标记和未标记的数据上预估生成模型的参数，该模型对输入变量 x 和目标变量 y 的联合概率分布 $p(x, y)$ 进行建模。该生成模型被假定为混合分布[25]或基于混合分布的分类模型，例如朴素贝叶斯[23]。虽然用最大似然估计的方法来估计这种分布的参数非常简单直接[5]，但这只是对真实分布的一个有噪估计。我们希望利用可能存在的和除标记数据以外的大量无标记数据来改善我们对模型参数的估计。但是，未标记数据本身只允许我们估计所有类标签上的边际概率 $p(x)$。为了将未标记数据集成到我们对联合分布 $p(x, y)$ 的估计中，我们采用了两步迭代法：1）根据目前对分布参数的最佳估计，估计每个未标记样本的类标签概率；2）根据新标签改进对分布参数的估计。这个过程一直重复到参数收敛为止，被称为最大期望算法（EM）[10]。对于这种方法，我们将未知标签视为潜在变量，随参数一起进行估计。

与常规的自我训练一样，基于 EM 的自我训练会随着时间的推移不断进行，而区别在于如何在训练中使用未标记的数据。在常规自我训练中，每一步都只有一部分最可靠的预测被合并到标记的数据集中。然而在 EM 自我训练中，所有的预测都按照期望值进行加权，并立即纳入训练中。因此，自我训练可以看作是一种增量算法，而 EM 自我训练则可以看作是一种迭代算法。虽然 EM 已得到了很好的研究，并已应用于许多不同的应用程序，但它需要对数据的底层分布做出强有力的假设，这些假设在违反 EM 时会导致性能下降。也就是说，它是由提出的混合模型生成的，并且模型组件和数据类别之间存在着某种联系[22]。

1.4.3　协同训练

在稍微复杂一点的策略中，我们可以选择将数据细分为两个不同的特征集，即协同训练[6]。直观地说，这些特征集代表了观察同一数据的两种不同方式或视角。考虑到异常检测分类场景，假设我们将两个与图像相关的输入特征，即像素颜色与地形高程，分别表示为 x_c 和 x_e。查看数据的一种方法是，仅凭像素颜色就能说明是否存在异常。因此我们可以训练分类器 C_c 来预测是否存在仅基于标记数据集的 x_c 的异常。另一种不同的补充性方法是，地形高程足以指示异常的存在，在此方法上，我们使用输入特征 x_e 训练第二个分类器 C_e。协同训练背后的基本思想是，每个分类器都可以识别关于未标记数据集的补充信息，这些信息可以用来建立另一个分类器，其方式类似于自我训练。颜色分类器 C_c 用于预测未标记数据集的标签，并从这些预测中选出一个子集（通常是最可靠的预测）添加到标记数据集中。类似地，C_e 预测未标记实例的标签，并选择要添加的子集。然后在新的标记数据上对两个分类器进行重新训练，并重复该迭代过程。在不深入研究形式理论的情况下，这样做的原因是，两个分类器必须对未标记数据的预测标签达成一致。当考虑所有模型的假设空间时，我们要删减不一致的模型，减小整体空间大小，从而实现净效应[35]。与自我训练一样，该方法允许灵活选择分类模型，但是，为了学习过程可证，必须坚持某些假设成立[22]：1）每个方法必须足以单独预测类标签，且两种方法必须在大多数标签上一致；2）鉴于类标签，两种方法必须有条件的相互独立。

1.5　主动学习

半监督学习旨在利用我们对未标记数据的了解，从有限的标记样本集中提升模型性能。主动学习是另一种相反但互补的方法，它的核心在于利用我们不知道的未标记数据[29]。我们需要查询未标记样本子集的类标签，直观地说，假设标注样本的行为是一项耗时的任务，那么，如果我们能够仔细选择哪些样本的信息量最大，我们就可以限制所需标注样本的数量。

1.5.1　不确定度采样

选择要标记样本的一个简单策略是查询分类器对其预测最不可信的实例标签，这种策略被称为不确定性采样[19]。这是一种迭代方法，首先在已标记的数据集上训练分类器，预测未标记样本的标签，然后查询最不可靠样本的标签（例如其预测最接近决策边界）。然后对这些贴上新标签的样本进行标记，同时将其添加到已标记的数据集中，这个过程不断重复，直到可以可靠地预测所有未标记的样本。不确定性采样可以看作是与自我训练相对应的主动学习。在不确定性采样中，我们是通过查询标签获得最不可信的预测，而并非像在自我训练中那样增加最可信的预测。能够提供概率输出或类似不确定性度量的模型使分类模型的选择受到限制。

1.5.2　委员会查询

委员会查询是一种更为复杂的方法[30]，它通过在已标记的数据集上训练多个分类模型来划分模型假设空间。然后，每个分类器预测未标记样本的标签，进而查询预测不一致的样本的标签。这种方法有两个假设：1）我们可以用多个分类模型来划分假设空间；2）这些模型在未标注样本的子集上存在分歧。与协同训练一样，我们试图缩小假设空间的大小，从而缩小可预测模型的列表。然而，当协同训练逐渐建立模型，使它们始终一致时，我们通过在不一致的区域查询标签来实现相同的效果。

1.6　流行的机器学习方法

虽然在实现本章讨论的方法时，有无数模型和算法可供选择，但常用的算法子集要小得多。我们将在本节中总结常见的方法，为那些希望将机器学习和数据科学技术应用于行星科学的人提供一个起点。我们用 HiRISE 火星灰度轨道图像的示例数据集来说明这些方法，这些图像被标记为陨石坑、亮沙丘、暗沙丘、斜条纹、撞击喷出物、瑞士奶酪、蜘蛛或其他[12]，这些数据集也被用于第 5 章，此外 Wagstaff 等人也使用了这些数据集[32]（可参见第 5 章中的图 5-7 查看每个类别中的示例图像）。我们排除了"其他"类以简化我们的可视化，因为这种类别比其他类别具有更高的类内差异。本章中用于创建可视化的 Python 代码可在 https：//github.com/hannah-rae/planetary-ml-book 获得。

一般说来，使用哪种模型取决于应用程序所特有的因素，如训练标签的数量、数据样本的维度、计算速度或存储要求，以及可解释性等。Scikit-learn 是一个流行的 Python 机器学习库，用户可通过网页 https：//scikit-learn.org/stable/tutorial/machine_learning_map/index.html 中的流程图来选择适合他们的算法。

Raghu 和 Schmidt 的研究也能够帮助读者了解神经网络方法，以及哪种类型的神经网络最适合科学应用[24]。

1.6.1　主成分分析法

主成分分析法（PCA）是一种将数据投影到低维空间的降维方法，广泛应用于行星科学中。例如，第 8 章利用主成分分析法对卡西尼号卫星观测到的土星高光谱图像进行探索性数据分析。PCA 定义了数据在主子空间上的线性投影，保留了数据的最大方差。主成分是数据协方差矩阵的特征向量，可以通过奇异值分解（SVD）来计算。PCA 通常用于降低高维数据集的维度，以实现特征提取、可视化或其他目的。要保留的主成分数（通常称为变量 k）是一个可以选择或调整的超参数。选择 k 的常用方法是确定在 k 值较高的情况下，k 成分所解释的总方差的百分比在何时开始趋于平稳。图 1-7 显示了在 HiRISE 数据集中，当 $k \in [0, 20]$ 时，由 k 主成分解释的总方差的百分比，以及投射到二维主子空间的数据集。

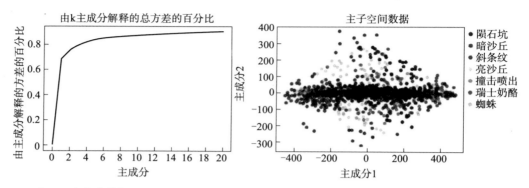

图 1-7　左：k 个主成分解释的总方差百分比，$k \in [0, 20]$；右：HiRISE 数据集投影到主子空间（$k=2$）

1.6.2　K 均值聚类

K 均值是一种流行的无监督聚类算法，它尝试将数据点分配至 k 个聚类，使每个样本都属于平均值与样本值最接近的聚类。标准算法首先随机初始化 k 个聚类中心点，然后迭代执行两个步骤：1）将数据点分配给具有最接近聚类平均值的中心点；2）重新计算每个聚类的平均值（即分配给该聚类的所有样本的平均值）。当聚类分配不再随每次更新而变化时，该算法就会收敛并停止更新聚类分配。欧氏距离是一个通常被用作寻找最近中心点的距离指标。聚类的数量 k 是一个可调整的超参数，可以根据领域知识（例如在光谱聚类中可能存在的矿物数量）或聚类内方差最小化来选择。由于欧氏距离对于高维数据集来说往往是一个无效指标，K 均值经常与 PCA 或其他降维算法相结合，以便在低维空间进行聚类。第 7 章使用运用降维和流形学习技术的 K 均值聚类，利用 MESSENGER 任务的数据绘制水星表面成分的相似类别。图 1-8 显示了使用 $k=7$ 的 K 均值算法识别的聚类。虽然与图 1-7 相比，一些聚类似乎与类别标签相关（如暗沙丘和聚类 2），但总体而言，聚类分配并不直接映射到类别标签上，这通常是高维（如图像）数据集的情况。

1.6.3　支持向量机

支持向量机（SVM）[5] 是一种监督学习方法，它在 n 维特征空间（其中 n 是输入特征的数量）中找到超平面（或超平面集合），使其与每个类别中最近的训练样本的距离最大化。最大化这一余量确保了决策边界对新的、未见过的数据点尽可能具有通用性。SVM可以用于分类和回归。要选择的主要超参数是正则化参数 C，它代表了在训练过程中允许样本接近边界而产生的惩罚力度（因为对于大多数问题来说，完美的决策边界是无法实现的）。SVM 也使用核函数 K 将样本映射到一个更高的维度空间（这被称为"核技巧"[5]）；径向基函数（RBF）是一种常用的核函数。图 1-9 使用线性核将 SVM 在 HiRISE 数据集上发现的决策边界用 PCA 可视化（我们将数据集减少到两类以简化可视化）。这两张图说明了较小（$C=0.01$）和较大（$C=100$）的 C 值对决策边界的影响。

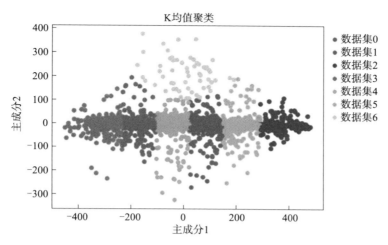

图 1 - 8　降低 PCA 的 HiRISE 数据集 K 均值聚类

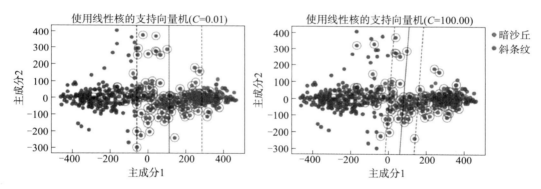

图 1 - 9　支持向量机（SVM）的决策边界（实线灰线）在 HiRISE 数据集中具有两个不同
的超参数 C 值（虚线显示的边缘，带圆圈的点为支持向量）

1.6.4　决策树与随机森林法

　　决策树[8]是一种监督学习方法，用于分类和回归，它通过学习一组逐步缩小决策空间的规则来预测目标变量。这些规则是从训练数据中推断出来的，具有简单的"如果-则-否则"（"if - then - else"）结构。对于分类，模型学习的规则将训练样本中的"杂质"（如通过基尼杂质测量法测量出的杂质）最小化。杂质是指分开的每个分支包含多个类的程度。对于回归，要使标量损失度量（如均方误差或平均绝对误差）最小化。树的最大深度是一个可以调整的超参数：树的深度越高，模型越复杂，也越容易过拟合。图 1 - 10 显示了从 HiRISE 数据集最大深度设置为 2 学习到的决策树。我们只使用了两个类和统计特征（平均值、标准差、最小值、最大值、偏斜和峰度）来代替 PCA，从而简化可视化并提供可解释性。

　　随机森林法[7]是决策树的扩展，旨在解决决策树在实践中经常遇到的过拟合问题。随机森林法本质上是决策树的集合，其中每棵树都是从训练集的随机样本子集中学习到的，

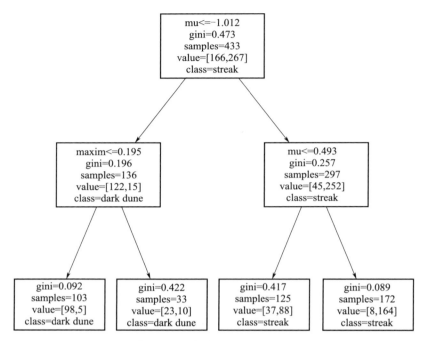

图 1－10　从两类 HiRISE 数据集学习最大深度为 2 的决策树
［方框颜色代表每个节点的多数类和基尼杂质（颜色越浅，杂质越高）］

每个样本都是以替换方式抽取的，这称为"引导"，由于每棵决策树的参数对训练样本非常敏感，用替换法取样允许从同一训练数据集中抽取许多不同的样本，以创建许多不同的树，在最终预测中进行集成。最终的随机森林预测是通过对所有树的预测进行平均化或投票得到的。可调控的超参数包括树的数量、最大树深和每棵树的样本数量。随机森林在实践中经常显示出良好的性能，广泛应用于遥感等科学领域[3]。

1.6.5　神经网络

神经网络由多层可组合的非线性模块（"神经元"）组成，每个模块都将前一层的数据表示转换为比前一层更抽象的新表示。每个神经网络都包含一个输入层、一个或多个隐藏层和一个输出层；如果网络包含两个或多个隐藏层，则称为"深层网络"（"deep"）。受人脑神经元放电的启发，每个神经元的输出也被称为"激活"，并计算出以下函数

$$a = h(\boldsymbol{W}^{\mathrm{T}} X + b) \tag{1-3}$$

式中　$h(\cdot)$——一个非线性函数（称为激活函数）；

X——一个张量，包含上一层神经元输出的张量（或在第一个隐藏层下的网络输入）；

W——一个包含权重 w_{ij}^{k} 的张量，代表连接第 i 层和第 j 层的第 k 个权值；

b——一个偏置张量。

训练过程中，参数 W 和 b 不断地被更新，使用一个称为反向传播的标准程序，使成

本函数 $C(\cdot)$（也称损失函数）最小化。

通过从输入数据中学习多层分层表征，深度神经网络能够发现高维数据（如图像）中的复杂结构，忽略不相关的变化，更专注于微妙但重要的变化[18]。相对而言，深度学习或神经网络技术与传统的机器学习方法有所区别。一方面，传统方法通常需要手动规范如何将原始数据（如像素值）转化为适合学习算法的特征表示，这需要大量工作以及相关领域专业知识。而在神经网络中，表征不需要人为设计，相反，它通过通用程序从数据中自动学习。另一方面，以支持向量机和随机森林法为代表的传统算法，通常需要一维向量作为输入，这就要求将多维样本（如多光谱图像）扁平化为一维向量或转化为一个特征向量，从而去除空间或局部环境。此外，卷积神经网络等能够吸收多维张量并保持输入空间拓扑结构的方法可以学习数据中的二维或更高维模式。

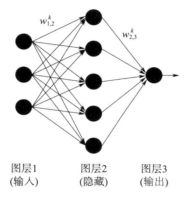

图层1　　　图层2　　　图层3
（输入）　　（隐藏）　　（输出）

图 1-11　前馈神经网络示例（圆点为神经元，线条为权重）

与传统机器学习技术相比，深度学习的主要缺点是，它们需要大量的标记数据集（根据架构的不同，需要成千上万个样本）来调整优化网络参数，而其复杂的体系结构会使人们难以解释网络学到的表征和决策函数。对于具有较小数据集的应用程序，一种常见的方法是在大型通用数据集（如 ImageNet[11]）上预训练神经网络，然后在较小的特定域数据集上微调网络。这种微调包括使用来自预训练数据集的权重初始化网络，并根据具有不同输出类别的不同数据集进一步调优权重（通常只针对最后或倒数第二层）。微调的有效性依赖于先前工作中的假设，即在大数据集上训练的神经网络所学习到的表征是通用的，可以用于可能与原始任务完全不同的分类任务[26]。第 5 章提供了一个在 HiRISE 数据集上微调神经网络的教程，该神经网络在 ImageNet 数据集上进行预训练。

神经网络的另一个重要限制是，它们比传统的机器学习方法更加难以解释。图 1-12 显示了常用分类方法在准确性和可解释性方面的相对权衡。虽然神经网络往往比传统方法具有更高的准确性，但它们的可解释性最差。相反，if/then 规则具有高度可解释性，但并不十分准确。考虑这些权衡是很重要的，因为在许多科学和实践应用中，可能需要牺牲一些准确性来获得更多的可解释性。开发解释神经网络的方法是一个活跃的研究领域，本教程对其进行了很好的总结，详情可查看网址：https：//explainml-tutorial.github.io//。

常见的深度学习方法包括前馈神经网络、递归神经网络、卷积神经网络、自编码器网

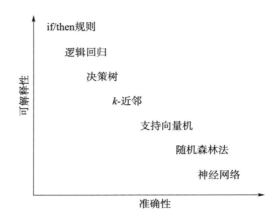

图 1-12　在准确性和可解释性的基础上对常用分类模型进行相对排名

络和生成对抗网络[13,14,18]，本书在案例研究章节中讲解了其中的部分应用。利用这些深度学习方法，近年来，科学家们将深度学习应用到图像处理领域中，在这方面取得了前所未有的成果，包括高分辨率图像生成[1,2,17]、图像到图像[15,34]和序列到序列[9]翻译，以及视觉问答[28]。Le[18]等人的著作可以帮助读者了解深度学习的总体概述；学习 Raghu 和Schmidt[24]等人的研究可用于了解深度学习在科学发现中的总体情况；而 Karpatne[16]等人和 Bergen[4]等人的研究反映了深度学习在地球科学调查中的应用，Zhu[36]等人的研究可以帮助了解深度学习在遥感中的概述。第 6 章、第 8 至 10 章介绍了在行星科学应用中使用各种深度学习方法进行分类和回归的案例研究。

1.7　数据集准备

典型的机器学习工作流程从数据准备阶段开始。除了针对数据集的特定预处理（如去除云或数据伪影、共同登记观测数据、提取光谱指数或其他特征）之外，通常还需要从可用数据中创建三个数据集，即训练数据集、验证数据集和测试数据集。训练数据集用于训练模型，也就是迭代调整模型参数或权重，用以优化某些代价或目标函数。验证数据集用于选择模型超参数。超参数是不会在训练过程中进行调整的变量，但它们决定模型的配置并影响学习过程，例如随机森林中的树的数量。最后，利用测试集对不可见数据进行模型性能评估。

每个数据集中的例子都应该是独立且不重叠的。如果源数据集包含独立且分布相同的示例，通常使用 80%/10%/10%、70%/15%/15% 或 60%/20%/20% 的方式将源数据集分成训练、验证和测试数据集。使用 80%/10%/10% 的分割方式，就是将 80% 的可用示例随机分配给训练数据集，同时将两个 10% 分别分配给验证数据集和测试数据集。然而，在许多实际数据集中（包括行星科学），源数据集中的示例之间存在着相关性，在创建这三个数据集时应该加以考虑。这一点很重要，因为训练数据集和验证数据集或测试数据集中示例之间的相关性会导致高估模型性能。这对地理空间数据尤其重要，因为正如 Tobler

指出的[31]，"所有的东西都是相关的，但近处的东西比远处的东西更相关。"例如，在第 5 章中，HiRISE 数据集包含了从 HiRISE 图像中裁剪出来的 227×227 px 的图片，HiRISE 图像的尺寸和面积要大得多。由于从相同的 HiRISE 图像中裁剪出来的图片比来自不同 HiRISE 图像的图片有更高的相关性，Lu 等人将图片分为训练数据集、验证数据集和测试数据集，这样一来，所有来自相同 HiRISE 源图像的地标都被限制在同一个子集里。

在某些数据集中，特别是小数据集，模型的性能可能对数据的特定分割十分敏感，因此验证或测试性能不是对整个数据集模型性能的准确衡量。解决这个问题的一个常见技术是 k-fold 交叉验证。在这种技术中，数据集被分割成 k 个折叠（fold），或者称分组，每个折叠的大小为 N/k，其中 N 是数据集中的样本数。然后在这 k 个折叠中的每一个折叠上评估模型，使用剩余的折叠作为训练数据。除去交叉验证（LOOCV）是 k 交叉验证的一个特例，其中每个折叠只包含一个示例。性能指标在 k 次迭代中取平均值。

参 考 文 献

[1] G. Antipov, M. Baccouche, J. - L. Dugelay, Face aging with conditional generative adversarial networks, eprint, arXiv: 1702. 01983, 2017.

[2] M. Arjovsky, S. Chintala, L. Bottou, Wasserstein GAN, eprint, arXiv: 1701. 07875, 2017.

[3] M. Belgiu, L. Drăguţ, Random forest in remote sensing: a review of applications and future directions, ISPRS Journal of Photogrammetry and Remote Sensing 114 (2016) 24 - 31.

[4] K. J. Bergen, P. A. Johnson, V. Maarten, G. C. Beroza, Machine learning for data - driven discovery in solid Earth geoscience, Science 363 (2019).

[5] C. M. Bishop, in: Pattern Recognition and Machine Learning, Springer, 2006, Chapter7.

[6] A. Blum, T. Mitchell, Combining labeled and unlabeled data with co - training, in: Proceedings of the Eleventh Annual Conference on Computational Learning Theory, 1998, pp. 92 - 100.

[7] L. Breiman, Random forests, Machine Learning 45 (2001) 5 - 32.

[8] L. Breiman, J. H. Friedman, R. A. Olshen, C. J. Stone, Classification and regression trees. Belmont, CA: Wadsworth, International Group 432 (1984) 151 - 166.

[9] C. Chan, S. Ginosar, T. Zhou, A. A. Efros, Everybody dance now, in: Proceedings of the IEEE International Conference on Computer Vision, 2019, pp. 5933 - 5942.

[10] A. P. Dempster, N. M. Laird, D. B. Rubin, Maximum likelihood from incomplete data via the em algorithm, Journal of the Royal Statistical Society: Series B (Methodological) 39 (1977) 1 - 22.

[11] J. Deng, W. Dong, R. Socher, L. - J. Li, K. Li, L. Fei - Fei, ImageNet: a large - scale hierarchical image database, in: CVPR09, 2009.

[12] G. Doran, E. Dunkel, S. Lu, K. Wagstaff, Mars orbital image (HiRISE) labeled data set version 3. 2, https: //doi. org/10. 5281/zenodo. 4002935, 2020.

[13] I. Goodfellow, J. Pouget - Abadie, M. Mirza, B. Xu, D. Warde - Farley, S. Ozair, A. Courville, Y. Bengio, Generative adversarial nets, in: Advances in Neural Information Processing Systems (NIPS), 2014, pp. 2672 - 2680.

[14] G. E. Hinton, R. R. Salakhutdinov, Reducing the dimensionality of data with neural networks, Science (New York, N. Y.) 313 (2006) 504 - 507, https: //doi. org/10. 1126/science. 1127647.

[15] P. Isola, J. - Y. Zhu, T. Zhou, A. A. Efros, Image - to - image translation with conditional adversarial networks, in: Proceedings of the IEEE Conference on Computer Vision and Pattern Recognition, 2017, pp. 1125 - 1134.

[16] A. Karpatne, I. Ebert - Uphoff, S. Ravela, H. A. Babaie, V. Kumar, Machine learning for the geosciences: challenges and opportunities, IEEE Transactions on Knowledge and Data Engineering 31 (2018) 1544 - 1554.

[17] T. Karras, S. Laine, T. Aila, A style - based generator architecture for generative adversarial networks, in: Proceedings of the IEEE Conference on Computer Vision and Pattern Recognition,

2019，pp. 4401 – 4410.

[18]　Y. LeCun, Y. Bengio, G. Hinton, Deep learning, Nature 521 (2015) 436 – 444, https：//doi. org/ 10. 1038/nature14539.

[19]　D. D. Lewis, W. A. Gale, A sequential algorithm for training text classifiers, in：SIGIR'94, Springer, 1994, pp. 3 – 12.

[20]　D. G. Lowe, Distinctive image features from scale – invariant keypoints, International Journal of Computer Vision 60 (2004) 91 – 110.

[21]　T. Mitchell, Machine Learning, 1st ed., McGraw Hill, 1997.

[22]　K. Nigam, R. Ghani, Analyzing the effectiveness and applicability of co – training, in：Proceedings of the Ninth International Conference on Information and Knowledge Management, 2000, pp. 86 – 93.

[23]　K. Nigam, A. K. McCallum, S. Thrun, T. Mitchell, Text classification from labeled and unlabeled documents using em, Machine Learning 39 (2000) 103 – 134.

[24]　M. Raghu, E. Schmidt, A survey of deep learning for scientific discovery, arXiv preprint, arXiv：2003. 11755, 2020.

[25]　J. Ratsaby, S. S. Venkatesh, Learning from a mixture of labeled and unlabeled examples with parametric side information, in：Proceedings of the Eighth Annual Conference on Computational Learning Theory, 1995, pp. 412 – 417.

[26]　A. Razavian, H. Azizpour, J. Sullivan, S. Carlsson, Cnn features off – the – shelf：an astounding baseline for recognition, in：Proceedings of the IEEE Conference on Computer Vision and Pattern Recognition Workshops, 2014, pp. 806 – 813.

[27]　C. Rosenberg, M. Hebert, H. Schneiderman, Semi – supervised self – training of object detection models, in：WACV/MOTION, vol. 2, 2005.

[28]　A. Santoro, D. Raposo, D. G. T. Barrett, M. Malinowski, R. Pascanu, P. Battaglia, T. Lillicrap, D. London, A simple neural network module for relational reasoning, in：Proceedings of the 30th International Conference on Neural Information Processing Systems, 2017, pp. 4967 – 4976.

[29]　B. Settles, Active learning literature survey, Technical Report, University of Wisconsin – Madison, Department of Computer Sciences, 2009.

[30]　H. S. Seung, M. Opper, H. Sompolinsky, Query by committee, in：Proceedings of the Fifth Annual Workshop on Computational Learning Theory, 1992, pp. 287 – 294.

[31]　W. R. Tobler, A computer movie simulating urban growth in the Detroit region, EconomicGeography 46 (1970) 234 – 240.

[32]　K. Wagstaff, Y. Lu, A. Stanboli, K. Grimes, T. Gowda, J. Padams, Deep Mars：Cnn classification of Mars imagery for the pds imaging atlas, in：Proceedings of the AAAI Conference on Artificial Intelligence, vol. 32, 2018.

[33]　D. Yarowsky, Unsupervised word sense disambiguation rivaling supervised methods, in：33rd Annual Meeting of the Association for Computational Linguistics, 1995, pp. 189 – 196.

[34]　J. – Y. Zhu, T. Park, P. Isola, A. Efros, Unpaired image – to – image translation using cycle – consistent adversarial networks, in：IEEE International Conference on Computer Vision (ICCV), 2017.

[35] X. Zhu, A. B. Goldberg, Introduction to semi – supervised learning, Synthesis Lectures on Artificial Intelligence and Machine Learning 3 (2009) 1 – 130.

[36] X. X. Zhu, D. Tuia, L. Mou, G. – S. Xia, L. Zhang, F. Xu, F. Fraundorfer, Deep learning in remote sensing: a comprehensive review and list of resources, IEEE Geoscience and Remote Sensing Magazine 5 (2017) 8 – 36.

第 2 章　行星任务中独特的新挑战

Jörn Helbert，Mario D'Amore

德国航空航天中心（DLR），柏林，德国

2.1　跨越 50 年的水星探测

数据集正向着更大和更复杂的趋势发展，三次水星任务的对比很好地证明了这一点。NASA 的水手 10 号（Mariner 10）、信使号（MESSENGER）以及即将到来的欧盟与日本联合的 BepiColombo 项目跨越了近 50 年时间，包含了大部分行星探测任务，每一次对水星的探测都令行星科学家们深感震撼。

水手 10 号是水手系列的第七次成功发射。它是第一艘访问水星的航天器，也是第一个利用行星（金星）引力到达另一颗行星（水星）的航天器，同时还是第一个访问两颗行星的航天器。该航天器以逆行日心轨道三次飞掠水星，向地球传输回行星的图像和数据，并传回了有史以来第一张金星和水星的特写图像[1-2]。这次任务的主要科学目标是测量水星的环境、大气、表面和星体特征，并对金星进行类似的调查。由于飞掠的方向，该航天器能够绘制出 40％～50％ 的行星地图，显示了布满陨石坑的表面，乍一看与月球相似。作为第一个重大惊喜，水手 10 号揭示了一个显著的内部磁场的存在，测量了外大气层的成分，并证实了水星的高未压缩密度。

NASA 信使号航天器[3]在 2011 年 3 月 18 日 00∶45（UTC）进入水星轨道之前，曾执行过三次飞越水星的任务。信使号的主要任务于 2011 年 4 月 4 日开始，随后在 2012 年 3 月 17 日开始执行两次扩展任务。截至 2013 年 3 月 6 日，信使号已经拍摄了 100％ 的水星表面图像[4]。2015 年 4 月 30 日，该飞船在水星上坠毁。信使号是第一个进入水星轨道的航天器，它向人们显示了水星表面富含大量硫磺等挥发性元素[5]，首次提供了所谓空心结构的详细视图，表明水星目前正在进行表面改性[6]，同时提供了水星表面过去曾有火山活动的可视证据[7]，并有力证明了水星两极附近永久阴影坑体中存在水冰沉积[8]。

BepiColombo 是欧洲空间局（ESA）和日本宇宙航空研究开发机构（JAXA）联合开展的一项探索水星的跨学科任务[9]。它由两个航天器组成，分别是由 ESA 提供的水星行星轨道器（MPO）和由 JAXA 提供的水星磁层轨道器（MMO）。它们由水星传输模块推动，以堆叠方式飞往水星。到达水星后，模块将分离并进入各自的科学轨道。BepiColombo 于 2018 年 10 月成功发射。在 6 次飞越水星（以及 1 次飞越地球、2 次飞越金星）之后，该任务将于 2025 年 12 月进入水星轨道。

表 2-1 显示了每个任务的有效载荷。在可能的情况下，我们将相似类型的仪器排列在一起。

表 2 - 1　　NASA 水手 10 号、信使号航天器及 BepiColombo 行星轨道器有效载荷功能对比

水手 10 号	信使号	BepiColombo 水星探测器
电视	水星双成像	光谱仪和 MPO 成像仪
摄影技术	系统（MDIS）	BepiColombo 集成天文台系统（SIMBIO - SYS）
—	水星大气和表面成分光谱仪（MASC）	SIMBIO - SYS
极紫外分光计	MASC	用紫外光谱法探测 Hermean 外层（PHEBUS）
三轴磁通门磁强计	磁强计（MAG）	MPO 磁强计（MPO - MAG）
天体力学与无线电科学	无线电科学（RS）	水星轨道器射电科学实验（MORE）
扫描静电分析仪和电子光谱仪		寻找外层再填充和排放的天然丰度（SERENA）
高能粒子实验	高能粒子和等离子体光谱仪（EPPS）	SERENA
—	水星激光高度计（MLA）	BepiColombo 激光高度表（BELA）
双通道红外辐射计	—	水星辐射计和热红外成像分光计（MERTIS）
—	γ 射线光谱仪（GRS）	汞 γ 射线和中子能谱仪（MGNS）
—	中子能谱仪（NS）	MGNS
—	X 射线光谱仪（XRS）	水星成像 X 射线光谱仪（MIXS）
—	—	意大利弹簧加速度计（ISA）
—	—	太阳强度 X 射线和粒子分光计（SIXS）

　　显然，这三次历时近 50 年的任务所搭载的仪器无法一一进行对比，表 2 - 1 中的比较仅基于最广泛的相似功能。聚焦前三行，它们恰好强调了日益增长的复杂性，这需要新的数据分析方法。大体上看，水手 10 号上的电视摄影设备[1]、信使号[3] 上的 MDIS 和 BepiColombo 上的 SIMBIO - SYS[10] 十分相似，都是返回（或将返回）行星表面图像的仪器。然而，从细节上看，空间和光谱分辨率以及数据采集的复杂性都有所增加。

　　NASA 水手 10 号上的电视摄影实验由两个球形（直径 150 mm）卡塞格伦望远镜和八个滤光片组成，每个滤光片连接一个 GEC 1 英寸摄像机（TV）（1500 mm 焦距和 0.5°视场），用于窄角摄影。安装在每个摄像头上的辅助光学系统通过将滤光片轮上的镜头移动到光路中的某个位置，提供广角（62 mm 焦距，11°×14°视场）摄影。电视图像由 700 条扫描线组成，每行 832 个图像元素。用数字编码成 8 位字节进行传输。曝光时间从 3 ms 到 12 s 不等，每台相机每 42 s 拍摄一张照片，实验得到的平均比特率为 22 kbit/s。该系统有 8 个滤光轮位置：1）广角图像中继镜；2）蓝色带通；3）紫外偏振；4）负 UV 高通；5）清晰；6）紫外带通；7）离焦透镜（用于校准）；8）黄色带通。获得了大约 7 000 张金星和水星的照片，水星的最大分辨率为 100 m。

　　NASA 信使号上的水星双成像系统（MDIS）由一个具有 10.5°视场的广角折射光学成像仪和一个具有 1.5°视场的窄角反射光学成像仪组成。广角成像仪具有一个直径为 30 mm 的改进型消色差库克三片式透镜和一个 12 位置滤光片轮，其中两个滤光片中心位于

750 nm，一个滤光片宽度为 100 nm，另一个滤光片宽度为 600 nm。十个滤色片以 415 nm（40 nm 宽度）、480 nm（30 nm 宽度）、560 nm（10 nm 宽度）、650 nm（10 nm 宽度）、750 nm（10 nm 宽度）、830 nm（10 nm 宽度）、900 nm（10 nm 宽度）、950 nm（20 nm 宽度）、1 000 nm（30 nm 宽度）和 1 020 nm（40 nm 宽度）为中心。然后，光线通过一个小视场平坦透镜，照射到 1 024×1 024 帧传输的 CCD 上。窄角成像仪使用 Ritchie - Chretien 反射望远镜的离轴部分，通过反射镜校正球差和彗星，获得 550 mm 的焦距，焦比为 18，采用单带限幅滤波器。与广角成像仪一样，使用 1 024×1 024，14 μm/px 的帧传输 CCD。每个 CCD 记录 12 bits/px，并具有 1 ms 至 10 s 范围内的手动和自动曝光控制。

MASCS 实验由两个仪器组成，一个是紫外/可见光谱仪（UVVS），另一个是可见/红外光谱仪（VIRS）[11]，一个有挡板的 250 mm 卡塞格伦 f/5 望远镜通过一个共同的视轴将光线聚焦到两个仪器上。UVVS 由 Ebert 快速衍射光栅光谱仪组成，1 800 槽/mm 光栅的平均光谱分辨率为 1.0 nm（远紫外为 0.5 nm），光栅以 0.25 nm 的步长旋转以进行扫描。三个光电倍增管位于单独的狭缝后面，一个覆盖远紫外（115~190 nm），一个覆盖中紫外（160~320 nm），一个覆盖可见光（250~600 nm）。VIRS 被设计用于测量 0.3~1.45 μm 波段的表面反射率，空间分辨率为 100 m 至 7.5 km，视野为 0.023°×0.023°。光通过熔融石英光纤束到达探测器。使用 120 线/mm 的凹面全息衍射光栅和二向色分束器，它将光谱的可见部分（0.30~1.025 μm）和红外部分（0.95~1.45 μm）分开，将光谱聚焦在两个探测器上。可见光探测器是一个 512 px 的硅线阵列，在长波半前面有一个吸收滤波器，以消除二阶光谱。红外探测器为 256 px InGaAs 线阵列，不需要冷却。系统的光谱分辨率为 4 nm，数据数字化至 12 位。

ESA BepiColombo 水星行星轨道器 SIMBIO - SYS 实验[10] 是一个集成套件，用于水星表面的成像和光谱研究。它包含了在立体和彩色成像中分别使用两个全色和 3 个宽带滤波器执行中空间分辨率全局映射的能力，以及使用全色和 3 个宽带滤波器执行高空间分辨率成像和在 400~2 000 nm 光谱范围内执行成像光谱的能力。它由 3 个通道组成：立体成像通道（STC），它具有 400~950 nm 范围内的宽带和中等空间分辨率（最多 58 m/px），将提供精度优于 80 m 的地球表面数字地形模型；高分辨率成像通道（HRIC）具有 400~900 nm 范围内的宽光谱带和高空间分辨率（至多 6 m/px），可提供约 20% 表面的高分辨率图像；可见及近红外高光谱成像通道（VIHI），它在 400~2 000 nm 范围内具有高光谱分辨率（最细为 6 nm），空间分辨率达到 120 m/px，将以 480 m/px 的速度提供全球范围的光谱信息。HRIC 布局基于折反射光学设计，由改进的 Ritchey - Chretien（RC）设备和专用校正器组成。该仪器的焦距为 800 mm，配备一个屈光图像校正器，使 FoV 能够适应 2 048×2 048 px 探测器，像素尺寸为 10 μm。STC 相机由两个子通道和一个普通的改进型 Schmidt 望远镜（焦距为 95 mm）组成，修正双透镜取代了经典的施密特片。入射光束通过球面镜聚焦在 10 μm 像素大小的 SiPIN 混合 CMOS 探测器上。STC 探测器允许快照图像采集，最小积分时间为 400 ns。最后，VIHI 通道的概念基于收集望远镜和衍射光栅光谱仪，它们被理想地连接在望远镜焦平面上，光谱仪入口狭缝位于该焦平面上。狭缝的图像被二维探测器上的衍射光栅分散。256×256 px 的探测器阵列是通过碲化镉汞混合而成的，具有专用 CMOS 读出集成电路（ROIC）的传感器（HgCdTe）。单像素为 40 μm × 40 μm，输入电路为电容跨阻放大器（CTIA），在快照积分模式下工作，允许积分时读出。

　　这三种成像系统的详细研究首先显示了现有技术的进步。然而，更重要的是，它表明每个任务对其成像系统都做出了与众不同的设计选择。典型的用于图像处理的机器学习数据集基于消费类相机，它们只在技术细节上有所不同。对于用于行星任务的成像系统来说，情况并非如此。虽然有些系统是分幅相机，主要是线型扫描仪，或者像 MASCS 那样，甚至只是点式光谱仪。颜色和/或光谱信息在某些情况下是通过滤光片获得的，而在某些情况下是通过色散元件获得的，这对是否可以在同一时间和同一几何形状下获得表面上某个点的颜色信息产生了影响。此外，每个成像传感器都有自己的优势和挑战，这些优势和挑战会对要分析的数据产品产生强烈影响。

　　正如所预料的那样，通过对比仪器，我们看到了空间分辨率的提升。水手 10 号的最大分辨率为 100 m，但在 50% 的水星表面成像范围内，大多数分辨率为几千米/像素。信使号产生了分辨率为 332 m/px 的全局彩色产品和分辨率为 166 m/px 的单色底图。MDI 可以达到的最高空间分辨率约为 10 m。SYMBIO-SYS 将以高达 6 m/px 的速度对 20% 的行星范围成像，以高达 58 m/px 的速度提供全星体立体成像，以 480 m/px 的速度提供高光谱近红外数据。同时，我们将水手 10 号上的 3 个滤色器移动到 MDI 的 10 个滤色器和信使号上带有 MASC 的高光谱点光谱仪，以及 BepiColombo 上 SYMBIO-SYS 上带有 VIHI 通道的高光谱成像。水手 10 号总共制作了大约 7 000 张金星和水星的照片，信使号总共制作了 694 232 张水星图像，而 SYMBIO-SYS 将通过其 3 个子系统生成数百万张图像。仅数据产品数量的增加就需要新的方法来处理和分析数据。假设可以目视检查 7 000 个图像，但对于几乎 70 万或更多张图像来说，这种检查是不可能的。在这种情况下，第 4 章讨论的分类技术或可成为预选和分析数据的关键工具。

　　通过对这三种成像系统的比较，我们可以看出第二种趋势，即随着仪器的增加，复杂性也在增加。SYMBIO-SYS 系统结合（并且超过了）信使号 MDIS 和 MASCS 系统的功能[12]。更广泛地说，如果我们看一下整个有效载荷，将发现仅仅在有效载荷元素的数量上就有明显的增加。然而，我们的元素不仅更多，而且更为复杂。信使号有一个 X 射线光谱仪[5]，BepiColombo 有一个成像 X 射线光谱仪[13]；信使号有 MASCS 点光谱仪，而 BepiColombo 有 VIHI、PHEBUS 和 MERTIS 三个成像光谱仪[14]。

　　跨越 50 年的水星任务数据集是一个很好的例子，向我们展示了行星探索的一般趋势。火星探索始于 1965 年 7 月 15 日，NASA 水手 4 号任务仅捕捉到了 22 张显示火星约 1% 图景的黑白图像，空间分辨率为 5 km/px。相比之下，NASA 火星勘测轨道器上的 HiRISE 相机能够以 29.5 cm/px 的分辨率对火星表面的"毅力号"探测器进行彩色成像（图 2-1）。继而，在火星表面拍摄的图像（和成分数据）实现了分辨率高于 1 mm/px。

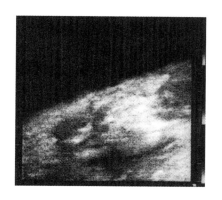 

(a) 水手4号拍摄到的第一张火星特写照片。这张图片的上边缘到下边缘显示了一个约330 km×1 200 km的区域范围，中心点位于37° N，187° W。这片地区在埃律西昂平原以西，阿卡狄亚平原以东。图片左侧边缘上方的模糊区域可能是云。这张图片的分辨率约为5 km，上方为北。（NSSDC数据集ID（图片）64–0771–01A）

(b) 这张增强HiRISE图片显示的是NASA毅力号探测器在着陆6天后，正位于着陆点进行系统检查。该地点似乎被松散的深色物质覆盖，下方有亮色物质。探测器两侧有两片明亮区域，这是由于火箭在下降过程中已将地面冲刷干净，而深色物质在探测器前后呈向外的漏斗状分布

图 2－1　火星成像演变——从 NASA 水手 4 号到 NASA 火星勘测轨道器上的 HiRISE

2.2　大型复杂数据返回面临的挑战

机器学习方法的关键是充分利用这种复杂和多维数据集的协同作用。虽然每个单独的数据集都揭示了难题的一部分，但实际上，只有把它们结合在一起，我们才能获得更深入的了解。当然，这带来了特殊的挑战。通过 BepiColombo 任务，我们将获得空间分辨率高达 6 m 的成像数据，通过立体成像和激光测高获得的地形、500 m 的近红外和热红外高光谱数据、2 km 的温度图以及 1～10 km 处的元素组成。以有意义的方式组合所有数据集（图 2－2）并获得水星的整体视图，需要使用数据融合和机器学习法，以便专注于数据解释，而不受限于数据处理能力。

虽然日益庞大和复杂的数据集有望带来丰厚的科学回报，但它们在任务设计方面也面临严峻的挑战。信使号的数据回报率为 100 Gbit/年，相当于 3 bit/s。BepiColombo 任务数据回报率为 1 550 Gbit/年，相当于 50 kbit/s。相比之下，现在大部分已停产的 2G 移动电话的最大数据速率为 100 kbit/s。将数据从航天器传送到地面越来越成为一个限制性因素。目前，NASA 火星勘测轨道飞行器（MRO）在所有行星任务中拥有最高的下行速率，根据地球与火星之间距离的变化，其平均数据速率在 0.5～4 mbit/s 之间。这可以看作是在可预见的未来能够实现的下行速率的上限。大多数任务受到几何形状和/或功率的限制，下行速率非常低，就像 BepiColombo 任务一样，那里的高增益天线的尺寸和结构受到水星环境高温的限制。一种优化现有下行链路的方法是对航天器上的数据进行预选和预处理。第 4 章中讨论的自动特征技术算法将只允许向下链接符合特定标准的数据集，这个标准就是只能下行链接显示以前没有遇到过的特征数据。按照这种方法，观测到的数据可以直接影响任务的执行。JAXA 的 BepiColombo 任务中的 MMO 使用一组事件检测标准来驱动航

天器运行。MMO 数据处理单元（DPU）监控所有传感器提供的数据。DPU 可以自动触发数据下行，实现更高的遥测速率。根据任务阶段的不同，通过已知事件（如跨越磁层边界）或未知事件而触发。这种对数据收集自主权的需求是由 MMO 中受限制的、只有 5 kbit/s 的有效下行速率所驱动的。

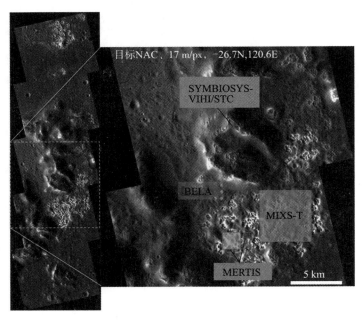

图 2-2　NASA 信使号窄角照相机以 17 m/px 拍摄到的水星 Raditladi 峰环（叠加的是 ESA‑JAXA BepiColombo 任务有效载荷元件的足迹，该任务将以 5～1 000 m/px 的分辨率提供详细的光谱、元素和地质化学数据。（来源：NASA 约翰·霍普金斯应用物理实验室）

2.3　面对未知

　　水星的形成是行星科学中的一个重大问题，一些附加的数据使这个问题变得更加扑朔迷离。这颗行星是如何形成的？它离太阳如此之近，但其表面却保留了大量的挥发性物质，如硫磺，这是为什么？为什么这颗最小的类地行星像地球一样拥有一个内部磁场，但火星和金星却没有？为什么水星的内核很可能由铁组成且形态巨大，但其表面的氧化铁含量却比月球低得多？

　　对于这些问题，我们目前有很多想法，但没有好的答案。然而，这些问题突显了行星科学家在探索行星体时面临的意外情况。例如，到目前为止，我们还不清楚水星的表面矿物质。唯一初步确定的矿物是硫化镁（MgS）[15]。而且，目前也还没有实测的表面温度图，元素组成图也主要局限于北半球。

　　这种情况与典型的遥感地球观测应用非常不同。对于地球观测，我们首先知道我们的预期是什么，即我们期待什么样的物质以及达到什么样的程度。在此基础上，我们通常有被明确定义的问题：某种类型的植被在哪里，某种矿石的矿床在哪里，等等。但对于行星科学，我们首先需要确定参数空间——表面的物质到底是什么，它们如何分布？第 7 章展示了一个例子，即试图对水星表面单元进行分类是一个极其复杂的问题，因为我们没有关于不同表面单元数量以及它们的组成的先验知识。

为了使情况更加有趣，我们必须考虑未知的不同观测结果之间的潜在耦合。这里我们重提水星的例子。保护表面免受太阳风冲击的磁场在特定的太阳风条件下可以被压缩，使表面区域暴露在太阳风粒子的直接冲击下，导致表面侵蚀和物质释放到外大气层。研究这一点，需要结合高光谱表面成像，考虑阴影的表面地形、表面温度图，航天器位置的磁场时间序列，航天器的粒子通量观测，来自相同或不同航天器的太阳活动观测，以及对外逸层发射的观测来追踪表面释放过程。可以很容易地看到，它结合了不同维度、数据类型、物理特性的数据集，甚至可能包括来自不同航天器的数据。机器学习方法非常适合探索这种复杂的多数据集分析方法中的隐藏结构。

2.4 行星科学中的机器学习

机器学习方法是分析行星任务数据的一项关键技术，这是由于来自行星任务的数据量和复杂性不断增加而导致的。同时，这些方法通过结合大量行星仪器和行星任务中复杂而多样的数据集，实现了新的科学发现。与地球观测相比，行星科学需要更加注重机器学习方法，以便探索未知数据。方法的选择取决于所拥有数据的属性，随着派往不同行星的任务不断增多，不同行星的数据属性也有所不同。由于火星任务多于其他行星任务，因此火星拥有更完整的数据集。但对于金星，我们的数据仍然非常有限。然而，遴选出的三个高度互补的金星任务，将向地球传回数兆字节的新数据，其中包括第一个全金星表面组成图[16,17]。金星数据集缺乏的现况将很快发生重大变化。

参 考 文 献

［1］ J. A. Dunne, Mariner 10 Mercury encounter, Science 185（1974）141 - 142, https：//doi. org/
10. 1126/science. 185. 4146. 141, https：//www. ncbi. nlm. nih. gov/pubmed/17810505.

［2］ J. A. Dunne, Mariner 10 Venus encounter, Science 183（1974）1289 - 1291, https：//doi. org/
10. 1126/science. 183. 4131. 1289, https：//www. ncbi. nlm. nih. gov/pubmed/17791368.

［3］ S. C. Solomon, R. L. McNutt, R. E. Gold, D. L. Domingue, MESSENGER mission overview,
Solar System Review 131（2007）3 - 39, https：//doi. org/10. 1007/s11214 - 007 - 9247 - 6.

［4］ B. W. Denevi, N. L. Chabot, S. L. Murchie, K. J. Becker, D. T. Blewett, D. L. Domingue, C. M.
Ernst, C. D. Hash, S. E. Hawkins, M. R. Keller, N. R. Laslo, H. Nair, M. S. Robinson, F. P.
Seelos, G. K. Stephens, F. S. Turner, S. C. Solomon, Calibration, projection, and final image
products of MESSENGER's Mercury dual imaging system, Solar System Review 214（2018）2,
https：//doi. org/10. 1007/s11214 - 017 - 0440 - y.

［5］ L. R. Nittler, E. A. Frank, S. Z. Weider, E. Crapster - Pregont, A. Vorburger, R. D. Starr,
S. C. Solomon, Global major - element maps of Mercury from four years of MESSENGER X - Ray
Spectrometer observations, ICARUS 345（2020）113716, https：//doi. org/10. 1016/
j. icarus. 2020. 113716, arXiv：2003. 00650.

［6］ Z. Xiao, R. G. Strom, D. T. Blewett, P. K. Byrne, S. C. Solomon, S. L. Murchie, A. L. Sprague,
D. L. Domingue, J. Helbert, Dark spots on Mercury：a distinctive lowreflectance material and its
relation to hollows, Journal of Geophysical Research（Planets）118（2013）1752 - 1765, https：//
doi. org/10. 1002/jgre. 20115.

［7］ J. L. Whitten, J. W. Head, B. W. Denevi, S. C. Solomon, Intercrater plains on Mercury：insights
into unit definition, characterization, and origin from MESSENGER datasets, ICARUS 241（2014）
97 - 113, https：//doi. org/10. 1016/j. icarus. 2014. 06. 013.

［8］ N. L. Chabot, C. M. Ernst, D. A. Paige, H. Nair, B. W. Denevi, D. T. Blewett, S. L. Murchie,
A. N. Deutsch, J. W. Head, S. C. Solomon, Imaging Mercury's polar deposits during
MESSENGER's low - altitude campaign, Geophysical Research Letter 43（2016）9461 - 9468,
https：//doi. org/10. 1002/2016GL070403.

［9］ J. Benkhoff, J. van Casteren, H. Hayakawa, M. Fujimoto, H. Laakso, M. Novara, P. Ferri,
H. R. Middleton, R. Ziethe, BepiColombo—comprehensive exploration of Mercury：mission
overview and science goals, Planetary and Space Science 58（2010）2 - 20, https：//doi. org/
10. 1016/j. pss. 2009. 09. 020.

［10］ G. Cremonese, F. Capaccioni, M. T. Capria, A. Doressoundiram, P. Palumbo, M. Vincendon,
M. Massironi, S. Debei, M. Zusi, F. Altieri, M. Amoroso, G. Aroldi, M. Baroni, A. Barucci,
G. Bellucci, J. Benkhoff, S. Besse, C. Bettanini, M. Blecka, D. Borrelli, J. R. Brucato, C. Carli,
V. Carlier, P. Cerroni, A. Cicchetti, L. Colangeli, M. Dami, V. Da Deppo, V. Della Corte,

M. C. De Sanctis, S. Erard, F. Esposito, D. Fantinel, L. Ferranti, F. Ferri, I. FicaiÂ Veltroni, G. Filacchione, E. Flamini, G. Forlani, S. Fornasier, O. Forni, M. Fulchignoni, V. Galluzzi, K. Gwinner, W. Ip, L. Jorda, Y. Langevin, L. Lara, F. Leblanc, C. Leyrat, Y. Li, S. Marchi, L. Marinangeli, F. Marzari, E. MazzottaÂ Epifani, M. Mendillo, V. Mennella, R. Mugnuolo, K. Muinonen, G. Naletto, R. Noschese, E. Palomba, R. Paolinetti, D. Perna, G. Piccioni, R. Politi, F. Poulet, R. Ragazzoni, C. Re, M. Rossi, A. Rotundi, G. Salemi, M. Sgavetti, E. Simioni, N. Thomas, L. Tommasi, A. Turella, T. Van Hoolst, L. Wilson, F. Zambon, A. Aboudan, O. Barraud, N. Bott, P. Borin, G. Colombatti, M. ElÂ Yazidi, S. Ferrari, J. Flahaut, L. Giacomini, L. Guzzetta, A. Lucchetti, E. Martellato, M. Pajola, A. Slemer, G. Tognon, D. Turrini, SIMBIO - SYS: scientific cameras and spectrometer for the BepiColombo mission, Solar System Review 216 (2020) 75, https://doi.org/10.1007/s11214 - 020 - 00704 - 8.

[11]　S. E. Hawkins, J. D. Boldt, E. H. Darlington, R. Espiritu, R. E. Gold, B. Gotwols, M. P. Grey, C. D. Hash, J. R. Hayes, S. E. Jaskulek, C. J. Kardian, M. R. Keller, E. R. Malaret, S. L. Murchie, P. K. Murphy, K. Peacock, L. M. Prockter, R. A. Reiter, M. S. Robinson, E. D. Schaefer, R. G. Shelton, R. E. Sterner, H. W. Taylor, T. R. Watters, B. D. Williams, The Mercury dual imaging system on the MESSENGER spacecraft, Solar System Review 131 (2007) 247 - 338, https://doi.org/10.1007/s11214 - 007 - 9266 - 3.

[12]　W. E. McClintock, M. R. Lankton, The Mercury atmospheric and surface compositionspectrometer for the MESSENGER mission, Solar System Review 131 (2007) 481 - 521, https://doi.org/10.1007/s11214 - 007 - 9264 - 5.

[13]　E. J. Bunce, A. Martindale, S. Lindsay, K. Muinonen, D. A. Rothery, J. Pearson, I. McDonnell, C. Thomas, J. Thornhill, T. Tikkanen, C. Feldman, J. Huovelin, S. Korpela, E. Esko, A. Lehtolainen, J. Treis, P. Majewski, M. Hilchenbach, T. Väisänen, A. Luttinen, T. Kohout, A. Penttilä, J. Bridges, K. H. Joy, M. A. Alcacera - Gil, G. Alibert, M. Anand, N. Bannister, C. Barcelo - Garcia, C. Bicknell, O. Blake, P. Bland, G. Butcher, A. Cheney, U. Christensen, T. Crawford, I. A. Crawford, K. Dennerl, M. Dougherty, P. Drumm, R. Fairbend, M. Genzer, M. Grande, G. P. Hall, R. Hodnett, P. Houghton, S. Imber, E. Kallio, M. L. Lara, A. Balado Margeli, M. J. Mas - Hesse, S. Maurice, S. Milan, P. Millington - Hotze, S. Nenonen, L. Nittler, T. Okada, J. Ormö, J. Perez - Mercader, R. Poyner, E. Robert, D. Ross, M. Pajas - Sanz, E. Schyns, J. Seguy, L. Strüder, N. Vaudon, J. Viceira - Martín, H. Williams, D. Willingale, T. Yeoman, The BepiColombo Mercury imaging X - ray spectrometer: science goals, instrument performance and operations, Solar System Review 216 (2020) 126, https://doi.org/10.1007/s11214 - 020 - 00750 - 2.

[14]　H. Hiesinger, J. Helbert, G. Alemanno, K. E. Bauch, M. D'Amore, A. Maturilli, A. Morlok, M. P. Reitze, C. Stangarone, A. N. Stojic, I. Varatharajan, I. Weber, Mertis Co - I Team, Studying the composition and mineralogy of the Hermean surface with the Mercury radiometer and thermal infrared spectrometer (MERTIS) for the BepiColombo mission: an update, Solar System Review 216 (2020) 110, https://doi.org/10.1007/s11214 - 020 - 00732 - 4.

[15]　F. Vilas, D. L. Domingue, J. Helbert, M. D'Amore, A. Maturilli, R. L. Klima, K. R. Stockstill - Cahill, S. L. Murchie, N. R. Izenberg, D. T. Blewett, W. M. Vaughan, J. W. Head, Mineralogical

indicators of Mercury's hollows composition in MESSENGER color observations，Geophysical Research Letter 43（2016）1450 - 1456，https：//doi. org/10. 1002/2015GL067515.

［16］ J. Helbert，M. D. Dyar，D. Kappel，A. Maturilli，N. Mueller，Importance of orbital spectroscopy on Venus，Bulletin of the American Astronomical Society 53（2021）066，https：//doi. org/ 10. 3847/25c2cfeb. 62e629cb.

［17］ J. Helbert，A. Maturilli，M. D. Dyar，G. Alemanno，Deriving iron contents from past and future Venus surface spectra with new high - temperature laboratory emissivity data，Science Advances 7 （2021）eaba9428，https：//doi. org/10. 1126/sciadv. aba9428.

第 3 章　行星数据的查找与读取

Michael Aye

科罗拉多大学大气与外层空间物理实验室，博尔德，科罗拉多州，美国

3.1　数据采集

3.1.1　简介

　　人们可以在一些国家空间机构的官方档案中免费获取行星数据集。最大的数据集分别是 NASA 的行星数据系统（PDS）和 ESA 的行星科学档案（PSA）。此外，JAXA 的数据档案数据与传输系统（DARTS）也在不断扩充，它遵循与 PDS 相同的存档方案。目前，该数据系统为隼鸟任务、月亮女神号月球轨道飞行器、赤月号金星轨道飞行器及先驱号彗星探测器任务提供数据。

3.1.2　数据处理级别

　　了解行星数据到达地球后所要经过的标准处理级别对深入研究具体档案颇有帮助。这里的另一个复杂之处在于，目前，PDS（及其他遵循相同模式的档案）正在从旧数据格式 PDS3 过渡到新数据格式 PDS4，而档案系统中的大多数数据集仍采用 PDS3 格式。大约从 2012 年开始，所有近期和正在进行的任务（如 NASA 的 Maven 火星任务）提交的都是 PDS4 格式的数据。因此，从数据处理的角度看，需要注意这些格式在结构上的细微差别。

　　遗憾的是，PDS3 的数据处理级别定义不够明确，因此，对于不同的仪器而言，数据处理级别的定义有所不同。月球轨道激光高度计（LOLA）的示例定义见表 3-1。对于机器学习从业者来说，最有趣的数据级别可能是地理定位和预先网格化数据集，它们可以较容易地与其他仪器数据组合。理想情况下，这些数据可以映射到相同分辨率的网格上。在 LOLA 数据的例子中，这个级别可以是映射到均匀时空网格上的物理值 level 1C，或是特定领域中生成的地球物理参数，如在均匀时空网格上的表面密度，存储为 level 3。一般说来，高于 1 的数据级别由特定领域产生，需要将物理值解释为给定的地球物理参数。然而，只要去除仪器特性，如检测器非线性，则较低的数据级别可能就足够了（例如，LOLA 示例中的 1A 级）。

表 3-1　月球勘测轨道器（LRO）上的月球轨道激光高度计（LOLA）PDS3 数据处理级别定义
（资料来源：小天体 PDS 文件）

PDS 3 级别名称	说明
Packet Data	在地面站接收到的遥测数据流，包含科学和工程数据
Level 0	全分辨率仪器科学数据（如原始电压、计数），按照时间排序，去除重复和错误传输

续表

PDS 3 级别名称	说明
Level 1A	太空中的 NASA 0 级数据,能够以可逆的方式进行转换(如校准、重新排列),并与所需的附加和辅助数据(如应用校准等式的辐射度)打包
Level 1B	NASA 1A 级或 Level 0 级的不可逆转换值(如重复采样、重新映射、校准),仪器测量值(如辐射度、磁场强度)
Level 1C	已重新采样并映射到均匀时空网格上的 NASA 1A 或 1B 级数据。数据经过校准(即辐射校正),并可能进行附加校正(如地形校正)
Level 2	地球物理参数,通常来自 NASA Level 1 数据,位于与仪器位置、指向和采样相称的空间与时间
Level 3	映射到均匀时空网格上的 NASA Level 2 地球物理参数

较新的 PDS4 格式处理级别已有所简化,因此执行更为严格,见表 3 - 2。

表 3 - 2　PDS4 数据处理级别 (资料来源:戈达德航天飞行中心文件)

PDS 4 级别名称	说明
遥测(Telemetry)	一种经过编码的字节流,用于将数据从一个或多个仪器传输到临时存储器,并从中提取原始仪器数据
原始数据(Raw)	仪器的原始数据。如果已通过应用压缩、重新格式化、分组或其他转换来促进数据传输或存储,则这些过程将被逆向操作,以便档案数据采用 PDS 认可的格式
部分处理(Partially processed)	已经过原始阶段处理但尚未达到校准状态的数据
校准(Calibrated)	数据转换为物理单位,使数值独立于仪器
衍生(Derived)	从一个或多个校准数据产品(如地图、重力或磁场或环粒径分布)中提取的结果。用于解释观测数据的补充数据,如校准表或观测几何表,如不易与其他三类中的任意一种进行匹配,应被归类为"衍生"数据

总结:在选择数据集时,一定要了解数据集处于哪个处理级别。

3.1.3　PDS

NASA 的 PDS 是几个地理分布节点联盟,其中 6 个为科学学科节点,它们分别致力于大气、地球科学、制图与成像科学(CIS)、行星等离子体相互作用、行星环与卫星系统(RMS)和小天体研究。表 3 - 3 对以上节点做出了描述(参见 https://pds.nasa.gov/home/about/获得更多有关 PDS 的介绍)。

通常可以用节点的名称来推断一组观测目标,其数据存储于该特定节点中。但由于科学样例会有重合,相同的数据可能存储在多个节点上。此外,一些节点可能会增加其他节点无法提供的处理级别。NASA 的卡西尼号任务就是一个很好的例子,尤其是它的成像科学子系统(ISS)相机的图像数据。任务中所有数据的主要指定 PDS 节点是大气节点,而RMS 节点也拥有大量数据。然而,只有 RMS 节点有 ISS 数据的校准版本才可用(最初的卡西尼 PDS 合同不要求交付校准数据，只对自身执行校准所需的工具有所要求)[①]。

注意：有些数据存在于多个 PDS 节点上，但通常只有一个节点为正式存档，有些节点可能提供更高的处理级别。

此外，值得指出的是，不同节点的搜索引擎质量和易用性可能不同。例如，RMS 节点有一个设计良好的、易于使用的搜索界面，称为 Outer Planets Unified search（OPUS），它既能为初学者提供友好的界面，又能提供高级功能，如用来自动搜索和下载的应用程序编程接口（API）以及通过显示当前 URL 搜索结果的共享搜索设置。

另一个例子是在 CIS 节点（https：//pds-imaging.jpl.nasa.gov/search）上、特征丰富的行星影像图集（Planetary Image Atlas）图像搜索。该搜索界面还为选定仪器提供了的基于内容的图像搜索；但截至目前，这些搜索还处于测试阶段。

表 3-3　6 个 PDS 科学数据提供节点的简要描述

（完整版本参见链接：https：//pds.nasa.gov/home/about/node-descriptions.shtml）

节点名称	说明
大气节点	行星大气节点（ATM），指所有来自 NASA 行星任务的非成像大气数据，包括从这些数据衍生出的高阶产品
地球科学节点	地球科学节点（GEO），指与地球科学相关的数据集，研究类地行星体的表面和内部。包括从 NASA 的行星科学任务中获得的图像数据、地球物理数据、微波数据、星载热数据和光谱数据，以及来自实验室和实地研究的相关数据
制图与成像科学节点	制图与成像科学节点（CIS），也被称为成像节点或 IMG，指 NASA 从太阳系内外行星系统（行星、行星环、卫星，包括冰冻卫星）任务中采集的主要数字图像。图像提供了档案、辅助数据、复杂的数据搜索和检索工具，以及开发和充分利用大型采集所需的制图和影像科学专业知识
行星等离子体相互作用节点	行星等离子体相互作用节点（PPI），指来自 NASA 行星科学任务的场和粒子数据
行星环与卫星系统节点	行星环与卫星系统节点（RMS），指与包含行星环和/或卫星的外行星系统相关的数据集，包括行星环和卫星相互作用的方式。同时提供小行星带（即从木星到冥王星）以外系统的遥感数据（图像、成像光谱仪数据和掩星数据）。此外，可提供 OPUS 服务，这是一个外行星系统的综合搜索工具以及各种计划制定与分析观测工具，并可协调特殊观测活动
小天体节点	小天体节点（SBN），指与研究对象相关的行星科学数据，通常包括彗星、小行星和星际尘埃，包括矮行星、柯伊伯带和奥尔特云中的物体、人马座和小型行星卫星等；还包括任务、地面与实验室数据，其子节点为彗星节点（马里兰大学帕克分校），小行星节点和星际尘埃节点（图森行星科学研究所）。SBN 还对小行星中心（史密森天体物理天文台，剑桥 MA）进行监管，这是一个数据中心，执行国际天文联盟授权的特殊任务，包括小天体的分类与命名

3.1.3.1　节点内的组织结构

在科学学科节点中，数据存储通常（但并不总是）首先确立感兴趣的目标（如火星或水星），然后在其下通过获取该数据的行星任务的名称，如"火星侦察轨道器"（MRO）

---

① The original Cassini PDS contract did not require to deliver calibrated data，only the tools required to perform the calibration yourself.

或"水星表面""空间环境""地球化学和远程任务"（MESSENGER）等而构建。
https：//pds‐geosciences. wustl. edu/missions/mep/index. htm 是地球科学节点火星探索页面
的一个例子。我们以 MRO 为例向下探索结构树。点击它在列表回车[②]，这里提供了搜索工
具的链接，包括火星轨道数据探索者（ODE）和行星影像图集（Planetary Image Atlas）。
ODE 虽然已经过时，但其所包含的所有任务数据都比较完整，而行星影像图集则较新，
它主要关注由 CIS 节点运行的 HiRISE. CTX 和 MARCI 仪器的图像数据。

在这两个搜索引擎下面，我们找到了 MRO 任务中所有仪器的列表，如图 3‐1 所示，
其中左列中的仪器缩写应该足以让新用户区分不同类型的数据：光谱、雷达、重力或图像
数据。许多机器学习任务将使用图像数据，所以让我们继续进行 HiRISE 实验。点击
HiRISE 实验的存档链接，我们即来到了 CIS 节点，其中包含 MRO 任务的所有图像数据
（包括 HiRISE. CTX 和 MARCI），因为 CIS 节点主要用于存档图像数据。

在这里，我们点击 Online Data Volumes，即可看到行星任务数据归档的另外两个子
类：Releases and Volumes（版本和卷）。

仪器	PDS 档案
CRISM(紧凑型侦查成像光谱仪)	CRISM档案 CRISM波谱库 CRISM系列型谱库
SHARAD (浅雷达)	SHARAD档案
重力/无线电科学	重力/无线电科学档案
HiRISE (高分辨率成像科学实验)	HiRISE档案 (成像节点)
CTX (环境成像仪)	CTX档案 (成像节点)
MARCI (火星彩色成像仪)	MARCI档案 (成像节点)
MCS (火星气候测深仪)	MCS档案 (大气层节点)
加速度计	加速度计档案 (大气层节点)
SPICE (几何与导航)	SPICE档案 (NAIF节点)

图 3‐1　任务可用仪器与档案一览表

（网页截屏：https：//pdsgeosciences. wustl. edu/missions/mro/default. htm）

（1）版本和卷

版本和卷是仍在广泛使用的 PDS3 档案文件中较旧的结构实体。当数据生产者向 PDS
交付一组数据，即创建一个版本。每个版本由一个或多个 PDS 3 卷组成。卷是指储存
PDS 3 单元的历史定义，该存储单元由物理介质（如 CD. DVD 或磁带）组成，在快速在

---

②　　https：//pds‐geosciences. wustl. edu/missions/mro/default. htm

线数据传输之前，数据通过邮件发送到 PDS；虽然现在已不再使用这些介质，但所有 PDS 3 数据仍以这种方式构造（免责声明：作者从用户角度描述了他对 PDS 档案的理解，从档案管理员的角度来看，该定义不一定完整或精确③）。卷总是以相同的目录结构设置，带有用于校准数据、文档、软件、实际数据文件和其他文件的文件夹（参见图 3-2）。对于最终用户来说，哪些文件夹是重要的，可能会因为特定的数据分析任务不同而有所差异，但需要记住一些有用的文件和文件夹。

AAREADME. TXT：由于按字母顺序排列，该文件出现在目录列表首位。该文件是快速理解数据发布结构的必读文件。

ERRATA. TXT：值得快速检查的文件，因为"版本"中已确定的问题会在该文件中公布。

DOCUMENT：这个文件夹可能包含相关数据产品的软件接口规范（SIS）文档。这是由数据生产者提供的参考文档，详细阐述了交付数据中每个数据元素所描述的内容，以及在数据处理时需要了解的注意事项。以 HiRISE. SIS 为例，可参考链接：https：//hirise. lpl. arizona. edu/ pdf/HiRISE _ RDR _ SIS. pdf （RDR 的含义见下文）。

注意：The Software Interface Specification（SIS）document is the most important document to read for understanding how a data set was prepared and what each data element means. This document is available for all data delivered to and archived at the PDS.

SOFTWARE：有时这个文件夹包含打开或分析提供数据所需的工具，但通常这些程序依赖于非常古老的软件库，如今已很难找到或安装。出于这个原因，本文作者参与了 NASA 开发的一个新项目，为 Python 创建通用 PDS 数据阅读器（参见 3.6）。

GEOMETRY：这个文件夹可能包含正确分析数据所需的重要观测几何数据。大多数（行星）数据都受到数据所处环境（即元数据）的影响。就观测几何数据而言，它描述了太阳、被观测物体、记录数据的传感器和任何其他可能随时间影响数据的物体的位置。如今，这些数据大多属于所谓 SPICE 内核文件，SPICE④ 是 NASA. ESA 和其他空间机构使用的太阳系几何图形计算框架。

INDEX：此文件夹包含基于文本的索引文件，其中一些可用元数据按列组织，每个卷的数据元素列为一行。这些索引文件提供了一种识别和筛选感兴趣数据文件的好方法（请参见 3.6）

DATA：此处用于存储实际数据文件，PDS 3 和 PDS 4 都在所谓的标签文件中存储了大量重要的元数据，这些文件具有相同的文件名，但扩展名为 ". LBL"。一般情况下，这些文件需要与相关的数据文件放置在一起，因为标签文件是以相对路径的形式指向相关数据文件。

---

③　Disclaimer：The author describes his understanding of the PDS archives from a user perspective, and definitions may not necessarily be complete or precise from the archivist's point of view.

④　https：//naif. jpl. nasa. gov/naif/

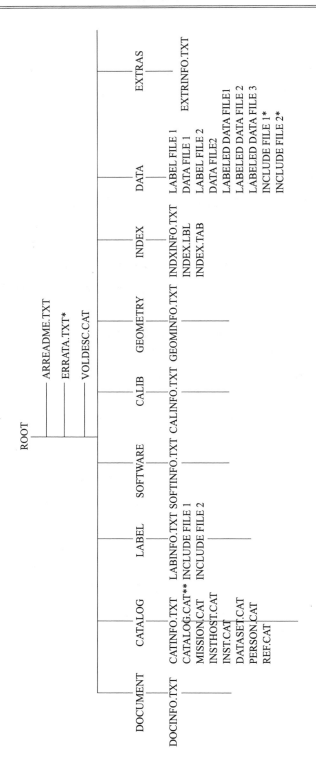

图 3 - 2　PDS3 卷布局（来自 PDS3 标准文件中的图 19 - 1）

（2）实验数据记录（EDR）与简化数据记录（RDR）

实验数据记录（EDR）和简化数据记录（RDR）是出现较早但现在仍被经常使用的术语（参见 HiRISE 数据的存档结构）。简而言之，EDR 数据是未经校准的原始数据记录，以"数字数"（DN）为单位（即模拟采样设备的数字化读出），而 RDR 数据已经过校准并根据用例进一步简化至不同程度。每个产品的详细信息可在相应的 SIS 文件中获取，例如 HiRISE. EDR SIS 和 HiRISE. RDR SIS。

（3）PDS 4 集合与捆绑包

PDS 4 没有使用卷和版本的旧结构，而是使用集合和包。PDS 4 集合是一组相关的数据产品。例如，一个集合可以包含来自给定仪器的所有校准数据，或来自特定任务阶段的数据。PDS 4 包则包含一组相关的 PDS 4 集合。例如，在下面的链接中，OSIRIS－REx OCAMS 包就包含 OCAMS 仪器的原始数据、简化及已校准数据、校准数据和文档的集合。

资料来源：小天体节点中的关键定义。

注意：访问 PDS 3 和 PDS 4 文件内容，需要通过每个数据文件的相关标签文件实现（参见 3.5）。一般需要下载相关的标签文件，并将它们与数据文件放在同一个文件夹中。

3. 1. 4　欧洲空间局行星科学档案

欧洲空间局（ESA）的行星科学档案（PSA）目前包含所有与 ESA 相关任务的数据。其网站首页（https：//archives. esac. esa. int/psa/）允许用户对任务、仪器和目标物体进行筛选，在此基础上呈现一个表格视图，显示可应用于整个 PSA 数据库的搜索筛选。图 3－3 显示了使用 Rosetta 任务进行筛选后的表格视图。

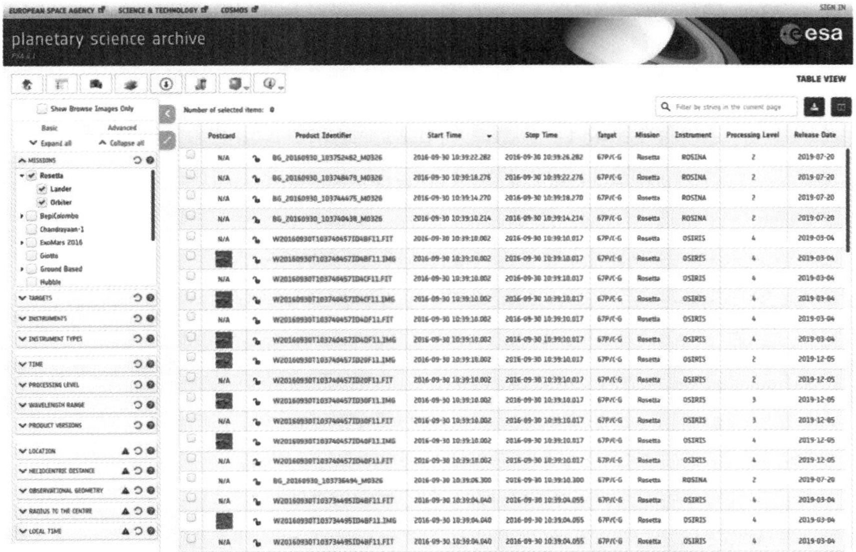

图 3－3　使用 Rosetta 任务进行筛选时，行星科学档案显示的第一张表格视图

接下来，可以通过左边的小控件进行进一步数据筛选，例如，根据仪器、数据类型（图像、光谱）或处理级别等要素筛选。请注意，PSA 遵循 PDS 3/PDS 4 处理级别，单击处理级别部分的问号后显示出的帮助文本可以明显看出这一点。

与 PDS 相比，PSA 的一个显著区别是它还可以对尚未向公众发布的数据进行归档。这些数据仍将出现在搜索结果中，但在产品标识符前面有一个锁定的图标，表明只有具有访问权限的登录才能显示"明信片（postcard）"预览（PSA 术语）并下载这些数据。单击产品标识符将显示相关元数据，如数据采集时间、相关文档和观测几何。

在表格第一列中打勾可选中产品 id，然后单击右上角搜索输入字段旁边的下载操作按钮，即可直接下载或发送到下载管理器。用户还可以搜索其他感兴趣的数据，以便在搜索会话结束时一并下载所有内容。

3.1.5　使用 Python 读取数据

在 Python 中，"读取数据"通常意味着将数据读取到一个 numpy 数组中，然后可以使用其他强大的分析库如 pandas[⑤] 或 xarray[⑥] 进一步处理该数组。一些数据也可以直接读入 pandas，例如使用 pandas.read_csv 将文本输入文件，或在 rasterio/GDAL 阅读器支持给定的图像格式时，使用 xarray.open_rasterioshuru 读取图像数据。

然而，一般情况下，读取行星数据非常困难。PDS 3 格式允许使用许多不同方式来存储数据，因此很难创建一个能够读取 PDS 中存储的所有不同类型数据的通用阅读器，这在任何编程语言中都不存在完整的解决方案。Python 中有一个通用解决方案的原型，例如 planaryimage[⑦]，但由于缺乏资金和/或解决问题时间过长，这一方案被放弃。在这个 URL[⑧] 中，planetaryimage 包显示，所有存储在 PDS 中的图像数据，有超过 50% 不能使用标准方法读取。这种情况最终引出了一个新的资助项目，即创建一个通用 PDS 阅读器。3.6.1 章节中有更多相关信息。

与此同时，GDAL[⑨] 是一个广泛用于栅格（即图像）和矢量数据的转换器库，它也增加了 PDS 3 和 PDS 4 数据的驱动程序，最近还对其读取功能进行了完善。尽管 GDAL 专注于投影到地理空间表面的数据，但如果只对读取图像像素数据本身感兴趣的话，它也适用于未投影的数据（即较低的处理级别）。

注意：建议不要直接使用 GDAL，而是使用更高级别的 GDAL 封装库 rasterio（https：//rasterio.readthedocs.io），因为它提供了更现代、更 Python 化的接口。

对于 PDS 4 数据，可以使用现有的 pds4_tools 工具包[⑩]。它适用于所有 PDS 4 数据，且其创建者对试图读取 PDS4 数据时发现的任何问题都颇感兴趣。

---

⑤　https：//pandas.pydata.org/docs/.

⑥　https：//xarray.pydata.org/en/stable/.

⑦　https：//github.com/planetarypy/planetaryimage.

⑧　https：//planetaryimage.readthedocs.io/en/latest/supported_planetary_image_types.html.

⑨　https：//gdal.org.

⑩　https：//sbnwiki.astro.umd.edu/wiki/Python_PDS_4_Tools.

3.1.5.1　PDS 3 数据读取示例

人们可以在下列网址下载卡西尼 ISS 图像，该图像展示了土星环的一小部分：https：//
opus. pds - rings. seti. org/opus/♯/view=detail & detail=co - iss - n1880813932。记住，您需
要下载.img 和.lbl 文件，并将它们相邻存储于同一个目录中。在接下来的例子中，将有
一个存储了该映像 ID 所有数据的文件夹。注意，必须为 rasterio 提供标签文件的路径，而
不是直接提供 IMG 文件的路径，因为标签文件包含能够正确读取文件信息的驱动程序，
可以最终指向 IMG 文件进行读取。

例如，您可以在 IPython 或 Jupyter notebook 会话中尝试以下方法。"＞＞＞"字符表
示你在 Python 语句中输入的位置（即"提示符"），没有"＞＞＞"的行将被输出。对于
记事本会话，您还可以复制整个代码块并将其粘贴到记事本单元格中，包括自动忽略的提
示字符。如图 3 - 4 所示。

```
1>>> import rasterio
2>>> folder =   "/home/maye/Dropbox/data/ciss/db/N1880813932/"
3# the .IMG file is in the same folder!
4>>> fname = folder +    "N1880813932_1.LBL"
5>>> dataset = rasterio.    open (fname)
6[...] NotGeoreferencedWarning: Dataset has no geotransform. gcps. orrpcs. The
        identity matrix be returned.
```

图 3 - 4　项目 3.1

此时，rasterio 将发出"NotGeoReferencedWarning"警告，这是因为图像是原始数
据，没有投影到任何目标物体上。如果您现在只想获得图像文件的二进制数据，那么这是
可以的。为了获取二进制数据，我们使用数据集目标的读取方法，如图 3 - 5 所示。

```
1>>> img = dataset.read()
2>>> img.shape
3(1, 1024, 1024)
```

图 3 - 5　项目 3.2

这使得 img 成为一个 numpy 数组，其形状为（1，1024，1024），而不是（1024，
1024），因为栅格数据通常来自同一空间区域的多个波段或层。例如，标准彩色图像有三
个波段，分别用于红、绿、蓝通道。用 matplotlib. imshow 绘制时，我们需要使用指数 0
选择波段，以获得一个形状为（1024，1024）的 2 维数组，如图 3 - 6 所示。

正如你所看到的，出现了非常糟糕的对比。这主要是由极端的"冷"或"热"像素造
成的，这些像素的颜色跨度太大，无法看到更多的细节。让我们将颜色跨度限制在 2％～
98％像素值范围内，如图 3 - 7 所示。

3.1.5.2　数据读取疑难解答

如果 rasterio 和 planetaryimage 都无法打开人们感兴趣的数据，我们能做些什么？虽

```
1 >>> import  matplotlib.pyplot as plt
2 >>> plt.imshow(img[0], cmap=    'gray')
3 >>> plt.colorbar()
4 >>> plt.show()
```

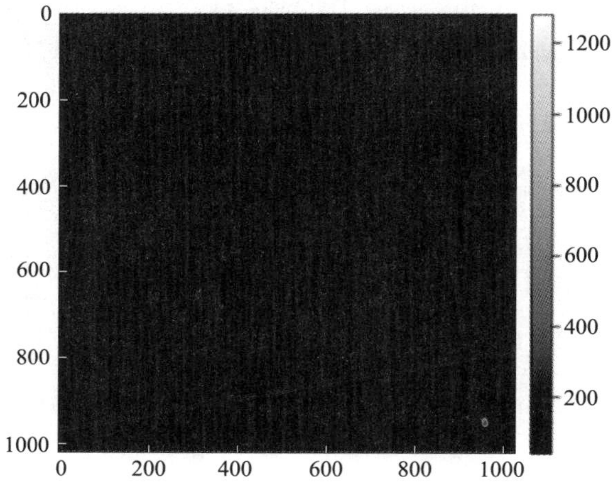

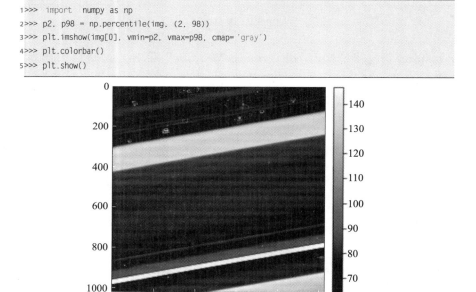

图 3 - 6　项目 3.3

```
1 >>> import  numpy as np
2 >>> p2, p98 = np.percentile(img, (2, 98))
3 >>> plt.imshow(img[0], vmin=p2, vmax=p98, cmap='gray')
4 >>> plt.colorbar()
5 >>> plt.show()
```

图 3 - 7　项目 3.4（色条显示出像素值的缩小范围）

然很难提供一个通用的解决方案，但是一种可能有效的策略是使用二进制 numpy 读取器 np. fromfile[11]。这个功能要求提供一个 numpy 数据类型，比如 float16，它可以决定每个数

————————————

⑪　https：//numpy. org/doc/stable/reference/generated/numpy. fromfile. html.

据值所读取的字节数的步长。为了简单化，许多较老的 PDS 3 数据存储在一个简单的二进制数据团中。通过仔细检查标签文件，寻找任何可能的关于特定二进制存储信息的提示，通常就能找到需要提供给 np. fromfile（）的数据类型。如果这些努力都失败了，你还可以加入 OpenPlanetary 社区，并在那里寻求帮助（参见 3. 1. 6. 3）。

3. 1. 6　要查看的空间

3. 1. 6. 1　行星数据阅读器（PDR）

最近，NASA 资助了一个行星数据阅读器（PDR）的新项目，该项目由 PI Chase Million of Million Concepts 和本章的作者作为共同研究者，创建 PDS 数据阅读器。该阅读器将无缝地将不同数据的现有阅读器实用程序封装到一个接口中，供最终用户使用。人们可以在 GitHub 网站中关注相关进展：https：// github. com/MillionConcepts/pdr。

3. 1. 6. 2　PlanetaryPy

这项计划的创建者收集并将行星科学相关的 Python 工具合并到一个核心 planetarypy 数据包中。已经实现的一个有用的工具是接收上述索引文件，并将它们提取到更易于使用的 Pandas 数据框架中（一个广泛使用的数据分析库，请参阅 https：// pandas. pydata. org）。目前，创建者已对这个数据包进行了第一次测试，并在 https：// michaelaye. github. io/ nbplanetary/网站上进行了记录，不过很快，这些文件将迁移至我们为太空而打造的社区中：https：//github. com/planetarypy/planetarypy。

3. 1. 6. 3　Open Planetary

OpenPlanetary 是一个非营利组织，它汇集了行星科学的数据用户，形成了一个庞大的社区。本章的作者是该组织的董事会成员，本书的其他编辑和作者也是该组织的成员。该组织通过 Slack 聊天工具支持实时对话，并有许多围绕不同主体的频道，如 Jupyter notebooks，conda，PDS 和 PSA 等。你可以通过 https：// www. openplanetary. org/join 网站免费加入该组织并使用 Slack 聊天。为了扩大宣传，Slack 中还有一个公共论坛（https：//forum. openplanetary. org），人们无需加入 Slack 就可以参与讨论。

第 4 章　Python 高光谱分析工具（PyHAT）简介

J. R. Laura[a]，L. R. Gaddisa,[c]R. B. Anderson[a]和 I. P. Aneece[b]

[a]美国地质调查局天体地质科学中心，美国亚利桑那州弗拉格斯塔夫

[b]美国地质调查局西部地理科学中心，美国亚利桑那州弗拉格斯塔夫

[c]空间研究协会大学月球与行星研究所，美国得克萨斯州休斯敦

要点

• Python 高光谱分析工具（PyHAT）是可视化行星光谱数据分析工具。

• 我们演示了如何通过 PyHAT orbital 分析 CRISM、M^3 和 SELENE 数据，以及使用 PyHAT 原位分析 LIBS 数据。

• PyHAT 是一种用户友好的开放源码型工具，适用于运行成本高、复杂或编程密集型的方案。

4.1　简介

光谱数据信息丰富，通常用于行星研究，如远程地表矿物制图、用于科学分析和探索的衍生产品研究，以及矿物学和化学的原位量化。为了分析反射率光谱数据，仪器团队通常使用简单的方程来生成主题产品（例如，使用 Clementine 环月轨道探测器数据推断出氧化铁丰度，使用月球矿物学绘图器（M^3）的波段中心数据分析[28]得出橄榄石丰度）。通常情况下，这些方程要么无法向公众提供，要么与昂贵的软件工具耦合，如 MATLAB®、交互式数据语言（IDL）或可视化图像环境（ENVI）。量化原位数据所使用的方法并不总是能向公众公开，即使当它们公开时，也可能比仪器团队之外的科学家所能利用的方法要复杂得多。本文介绍了 Python 高光谱分析工具（PyHAT）的 Python 库和与之相关的图形用户界面（GUIs），它们可在跨平台、开源环境中支持光谱数据可视化、主题图像生成以及进行简单或复杂的光谱处理及分析。

PyHAT 的开发受到三个因素驱动。首先，公开发布的光谱分析方程普遍不是免费和开源的。例如，火星勘测轨道飞行器（MRO）[57]紧凑型侦察成像光谱仪（CRISM)[32]团队提供了用于生成衍生产品的方程的数学公式[50]以及 CRISM 分析工具包（CAT）ENVI 工具，其中包含这些方程的可执行实现及使用该工具需要付费的 ENVI 许可证。同样，来自 M^3 传感器的数据已用于生成衍生数据产品[34]，但我们无法找到供社区使用的公开可用的实现。其次，根据我们的经验，多光谱和高光谱数据的分析需要一个支持探索性数据分析的分析环境[48]。由 CRISM 和 M^3 团队定义的衍生产品是相似的，但传感器、目标体和科学目标的差异导致了实现过程略有不同。这些差异需要迭代来确定最佳可能波段和波段参数，以用于衍生给定产品。同样，PyHAT 的原位组件是由将统计学习算法应用于漫游者收集的高光谱数据、以可视化和操纵大量光谱并精确量化目标组成的愿望所驱动的。

为了使 PyHAT 尽可能具有可访问性，PyHAT 库使用标准 Python 开发实践编写和记录，并在普遍存在的 Pandas 数据框架之上支持函数式编程范式。此外，我们在所有面向用户的应用程序编程接口（API）上维护 NumPy 样式的文档字符串，以便用户和开发人员可以轻松地将 PyHAT 合并到其他项目中。PyHAT Orbital API 在 Jupyter 分析环境[25]中功能特别强大，可执行探索性数据分析任务。例如，常见的工作流程可能包括对多个不同光谱的连续拟合，我们发现 Jupyter Notebook 是迭代测试不同拟合的理想场所，因为该环境提供了快速迭代。还设计了两个 GUIs 为假定没有编程知识的用户提供友好操作：第一个是量子地理信息系统（QGIS）插件，支持从轨道测绘光谱仪数据生成几个标准的衍生数据产品；第二个是一个功能齐全的独立应用程序，利用 PyHAT 统计和机器学习功能，着重于实验室和着陆航天器上的点光谱仪所收集的原位数据。GUIs 没有已经采集的数据；相反，它们允许用户加载自己的数据。

本章的其余部分安排如下。第 4.2 节描述了 PyHAT 库体系结构；第 4.3 节记录了 PyHAT Orbital 架构，并简要描述了公开库组件的 GUI。我们举例说明了如何使用 PyHAT Orbital 以及 QGIS 和 Jupyter Notebook 接口来分析 CRISM 数据（第 4.3.1 节）、M^3 数据（第 4.3.2 节）和 Kaguya Spectral Profiler（SP）数据（第 4.3.3 节）。在第 4.4 节中，我们举例说明了如何使用 PyHAT Insitu GUI 进行统计学习，并演示了数据预处理、探索和分析。最后，我们在第 4.5 节中介绍了该项目的未来发展方向。

4.2　PyHAT 库结构

PyHAT 库（在 Python 中以"libpyhat"的形式导入）被划分为预处理和输入/输出功能，主要关注预处理操作的一般光谱转换，用于处理映射光谱仪数据的算法和分析工具，用于处理点观测的算法和分析工具，以及统计和机器学习分析方法。在图 4 - 1 中，我们使用库模块名称以图形方式说明了库的分解。

如前所述，整个 PyHAT 中用于光谱的数据结构是基于 Pandas 数据帧的。数据帧是具有标记的行和列的二维数据表。Pandas 库提供了一套强大的工具，用于索引、标记、管理和分析二维和三维（时间序列）数据。Pandas 没有明确的光谱数据支持。因此，PyHAT 扩展了数据帧（子类）。PyHAT 使用"多重索引"方法来处理 Pandas 中的光谱数据。为了以直观的方式存储成像光谱仪数据，PyHAT 扩展了 Pandas 数据框架，支持模糊索引（近似波长），并添加了方便的分析工具（详见 4.3 节）。基础的 PyHAT 数据类型（Spectrum、Spectra 和 HyperCube）是 PyHAT 操作的基本数据结构。HyperCube 对象位于地理空间数据抽象库（GDAL）之上。按照 Pandas 的说法，光谱对象是一个系列（信息的单一向量），光谱是一个数据帧（具有相同名义结构的信息数组），而 HyperCube 是一个 n 维数据阵列。从 API 使用者的角度来看，这些数据结构提供了访问 PyHAT 功能的最简单入口。从用户的角度来看，这些数据结构在很大程度上是透明的。

该库的编写方式是将数据结构传递给算法，然后算法对其进行操作。这是一种传统的

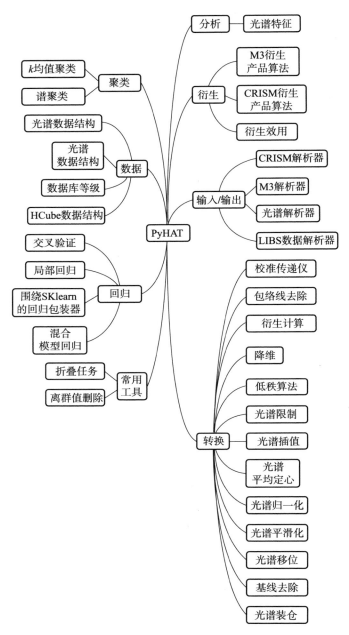

图 4-1 由 8 个独立模块组成的 PyHAT 库结构（第二层分解突出了每个模块中的功能，并说明了库的功能分解）

函数式编程范式。我们认为，这支持更好的函数链接，因为数据是通过一些任意数量的处理步骤来操作的：例如平滑预处理、重采样预处理、连续统去除预处理，以及最后应用一些分析方法。我们采用在基本数据结构上包含许多分析函数的方法，使用户交互更加无缝。我们预计，用户组的某些子集希望在支持此用例的数据结构上利用 Python 强大的自省功能和方法。

　　为了确保 PyHAT 库与任何可视化功能（其发展速度比分析方法快得多）保持解耦，已经为可视化开发了 GUI。首先，PyHAT 被积极开发并应用于现在广泛使用的 Jupyter Notebook 环境中[25]。该环境最像是一个开发环境，用户可以访问整个库。人们已经为衍生轨道产品开发了一个 QGIS 插件，用来支持地理信息系统（GIS）内部的地理空间数据可视化，同时还利用 PyHAT 的功能来创建高科学价值的衍生产品。PyHAT 原位 GUI 为实验室和着陆数据公开了库的统计学习组件。这个前端是一个跨平台的 PyQt GUI，可以使用简单的命令行命令进行安装。

　　我们正在积极改进 PyHAT 库，以优化底层数据结构的开发、预处理算法的实现，以及被我们确认为探索性分析的开发（图 4 - 1）。端到端管道式分析方法已被限制为任务团队发布或用于生成衍生产品的方法。然而，我们预计 PyHAT 中可用的分析方法将不断增加，以支持大量的任务和分析用例。这是与其他 Python 或 R 分析包类似的开发模式。

4.3　PyHAT 轨道

　　PyHAT 目前明确支持两个映射光谱仪和一个点分光仪。使用 PyHAT，可以为美国国家航空航天局（NASA）的两个轨道任务生成标准衍生产品，这两个任务分别是 MRO 的 NASA. CRISM 和印度空间研究组织（ISRO）月船 1 号（CH1）任务上的 NASA. M³。这些高光谱数据集都是以三维图像立体的形式交付，其中 X 和 Y 维是空间分量，Z 维表示光谱分量。光谱分量由每个波段捕获的光波长标记。衍生产品的生成是单个波段的提取，如在单波长辐射产品的情况下，或者是一定数量波段的数学操作，例如两个波段的比率。在 PyHAT 库中实施的衍生产品是由各自的飞行任务仪器团队开发的，以代表某些行星表面成分。例如，可以生成突出存在氧化铁的衍生产品、突出二氧化碳霜或水冰区域的衍生产品等。推导算法对数据集的应用已经以函数的方式进行了抽象，将通用算法应用于辐射值的任意数组。因此，可以很容易地增加新算法。PyHAT 还支持月球学和工程探测器（SELenological and ENgineering Explorer SELENE. Kaguya SP），这是一种高光谱点分光仪。

　　下面，我们将使用 Jupyter 分析环境和 QGIS 插件来演示 PyHAT 的用法。PyHAT 是在标准 Python 科学计算堆栈[4]之上开发的，并很好地集成到 Jupyter 环境中。这意味着习惯于使用 Pandas 数据帧、SciPy 统计分析功能和 Matplotlib 的可视化套件的科学家可以立即在熟悉的分析环境中探索光谱数据。QGIS 是一种符合行业标准的开源 GIS，具有广泛的用户基础、行星数据、投影支持和强大的开发社区，同时支持大型数据集快速可视化的多线程图像渲染以及提供跨平台支持。重要的是，QGIS 也是免费和开源的。QGIS 利用插件式架构来促进外部贡献和 QGIS 功能的扩展。我们已经开发了 QGIS 插件来支持 CRISM 和 M³ 的衍生主题产品的衍生。在实施过程中，QGIS 插件是一个使用 PyHAT API 的瘦包装器，并在可能的情况下利用 QGIS API 进行文件输入/输出和渲染。

　　为 M³ 和 CRISM 数据集 PyHAT 衍生参数设计的 QGIS 接口（图 4 - 2）通过操作下拉

菜单实现。用户可以依次选择每个已实现参数，计算衍生或参数化图像，并将它们添加到活动图像列表中，拉伸它们，将它们合成为红绿蓝（RGB）颜色组合，类似于 CRISM 和 M³ 科学团队实现的颜色组合。对于任何给定的算法，PyHAT 的结果与科学团队的结果之间的差异通常是由于 PyHAT 结果中缺乏图像平滑或空间滤波，以及 PyHAT 中使用了略有不同的标准拉伸算法而造成的。如下所示，CRISM 和 M³ 参数的结果匹配得相当好；此外，在 PyHat GitHub 文件中提供了更详细的输出比较①。正如两个科学团队所指出的，导出的参数图像代表了一种将单个场景内的光谱变化减少到更小的、有限数量维度的方法，它们应被用作表面矿物学的快速评估。表面矿物学的实际成分解释应基于更详细的检查，将源 CRISM 和 M³ 数据中的光谱与相关光谱库进行比较。

4.3.1　紧凑型火星侦察成像分光计（CRISM）

NASA. MRO 上的 CRISM 仪器是一种高光谱成像仪，可获取火星可见光（VIS）至近红外（NIR）波长（$0.37 \sim 3.92~\mu m$，6.55 nm/通道，544 通道）的数据[32,33]。CRISM 仪器的目标观测以 18 m/px 空间分辨率（全分辨率目标（FRT））或 36 m/px 空间分辨率［半分辨率目标（HRT）］获得。多光谱测绘模式在 200 m/px 时使用 72 个通道。光谱范围包括由于橄榄石和辉石（火星玄武岩地壳中的主相）及其铁质蚀变产物[1,11,43,46]，以及 H_2O、羟基和含碳酸盐的蚀变产物中的振动吸收，包括层状硅酸盐、硫酸盐、氧氢氧化物和碳酸盐[10,12,19,20,39]。行星数据系统（PDS）中可用的更高级别 CRISM 数据已经进行了辐射校正（例如，对太阳辐照度的校正，去除条纹和尖峰[33]）。CRISM 科学团队发布了基于多光谱参数的算法和衍生图像产品，增强了特定的矿物特征[36]。这些 CRISM 汇总产品被整合到基于 IDL 的 CAT 中[31,42]支持科学界的标准 CRISM 处理。CAT 是对信息丰富的数据集进行快速评估和可视化的有效工具。最近发布了一组经过修订的光谱参数，其中包括经 CRISM 科学团队验证的新参数，旨在捕捉火星[50]表面矿物学的多样性。强调显性矿物类别存在的参数，例如，基性矿物［橄榄石、低钙辉石（LCP）/高钙辉石（HCP）］、层状硅酸盐（富铝、铁/镁）、硫酸盐（单水、多水）、碳酸盐（富镁、铁/钙）、铁氧化物（如赤铁矿）、冰（H_2O、CO_2），被 CRISM 团队用来创建代表表面矿物学的产品。这篇文章描述了一种低成本的开源工具，它可以随着算法的变化或未来算法的增加而随时更新。

在 PyHAT 中，我们实现了 CRISM 发布的所有 60 种更新算法[36,50]。例如，我们已经囊括了来自 CRISM 数据的广泛使用的光谱指数，如橄榄石指数（OlIndex，现在的 OlIndex3，由橄榄石和含铁相导致的 $1 \sim 1.5~\mu m$ 的正斜率引起）。我们还实现了各种波长的谱带深度，例如，由 H_2O 弯曲和拉伸振动引起的 $1.9~\mu m$ 谱带深度（BD1900₂）。最后，由于在 $1.9~\mu m$ 和 $2.4~\mu m$（SINDEX，SINDEX2）处的强 H_2O 吸收，由水合相引起的发射率带在 $2.3~\mu m$ 附近的凹凸性得到了解决。许多参数都很容易实现，例如 ICER2，即

---

① https：//github. com/USGS－Astrogeology/PyHAT_Point_Spectra_GUI.

CRISM 2 350 nm 波段和 2 600 nm 波段的简单波段比，以突出火星表面的二氧化碳冰。如果存在多个版本的算法（例如，SINDEX 和 SINDEX2），我们会使两者都可用。CRISM 科学团队成员 F. Morgan 和 C. Viviano - Beck 协助验证，以确保我们的产品与他们的产品相匹配。通过保持和清楚地标记推导算法，这项工作既支持可重复性，也能使我们的能力随着对行星矿物学理解的提高而自然提升。

使用 PyHAT QGIS 插件和 QGIS 内部的地理空间数据操作工具，我们生成了许多对比图像。我们在下面给出了相关例子，既展示了 QGIS 插件的强大功能，也定性地说明了当前的封闭解决方案和我们开源库之间的一致性。后一个组件是该团队特别关注的问题，因为实现的效率至关重要的。值得注意的是，每个仪器的输入高光谱数据不同。对于 CRISM，来自 NASA. PDS 的地图投影目标缩减数据记录（Map - projection Targeted Reduced Data Records，MTRDR）数据是 PyHAT 所需的输入，这些数据以辐射和光度校正辐射率（1/F）为单位[②]。对于 M³，也可以从 PDS 获得以反射率为单位的数据[③]，但它们是以长条状数据的形式提供的，通常覆盖月球表面的许多纬度。为了在给定的科学应用中最佳地使用这些数据，科学家通常从长条中提取一个地理空间场景。在使用 PyHat 之前也建议这样做，以获得更高效的处理速度。

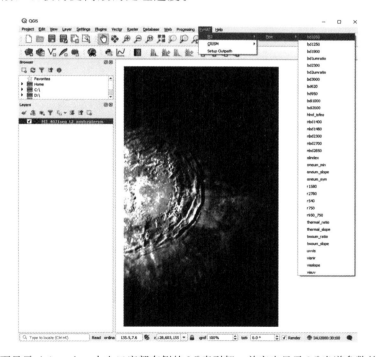

图 4 - 2　QGIS 界面显示 Aristarchus 火山口底部东侧的 M³ 牵引架，并突出显示 M³ 光谱参数的 PyHAT 下拉菜单

在图 4 - 3 中，我们展示了火星 Jezero 陨石坑的单个 CRISM MTRDR 场景的三个衍生

---

②　https：//pds - geosciences. wustl. edu/missions/mro/crism. htm.

③　https：//pds - imaging. jpl. nasa. gov/portal/chandrayaan - 1 _ mission. html.

参数图像④，霍根（Horgan）等人已经很好地描述了这一场景中的矿物学[17]。对于每个场景，我们在左侧显示来自科学团队软件（CAT tools）⑤的结果，在右侧显示 PyHAT QGIS 的结果。红外反照率（IRA）参数显示在 1 330 nm 波长处的像素亮度（1/F）（$R=R1\,300$，$G=R1\,300$，$B=R1300$），这对于突出表面形态、特征和单元的位置、性质是有用的。尽管在 PyHAT 图像结果中对比度没有那么强，但 CAT 和 PyHAT 版本都突出了可比较的表面形态。在这种情况下，两者都显示了一个相对光滑的陨石坑底部（右下方），带有一个粗糙的叶状扇形特征（左侧）、较浅色调的边缘（中心，右侧）和舌状（中心）单元，位于顶部粗糙单元的南部和东部。下一个参数是假彩色红外（FAL）渲染图（$R=R2\,529$，$G=R1\,506$，$B=R1080$），它是一种增强的红外假彩色表示，突出了 Jezero 陨石坑主要矿物组之间的差异。橙红色通常是富含橄榄石物质的特征，蓝色/绿色通常表示粘土，绿色可能表示碳酸盐，灰色/棕色通常表示玄武岩物质。FAL 的 CAT 和 PyHAT 参数结果都具有显著的红色（富含橄榄石）中央舌状和边缘单元，以及灰色（镁铁质或富含铁的玄武岩）底板。显示的第三个参数是镁铁质矿物学（MAF）（$R=$ olindex3，$G=$ lcpindex2，$B=$ hcpindex2），其中含铁岩石被重点强调。橄榄石和铁层状硅酸盐在 MAF 产品中呈现红色（由于 $1.0\sim1.7\ \mu m$ 碗状吸收），而 LCP 和 HCP（具有额外的 $2.0\ \mu m$ 吸收）分别呈现绿色/青色和蓝色/品红色。有关 CRISM 参数的完整公式，请参见 Viviano-Beck 等人的著作[50]。MAF 的 CAT 和 PYHAT 参数结果都显示了明亮的红色（富铁橄榄石和碳酸盐）中央舌状和边缘单元，以及蓝绿色（镁铁质或富铁玄武岩）底板和左侧的绿色（富含 LCP）扇形。尽管拉伸和对比度有所变化，但从 PyHAT 导出的参数图像有效地对火星 Jezero 陨石坑的这一场景中的表面矿物学进行了快速评估。

4.3.2　月球矿物学制图仪（M³）

　　M³仪器在印度空间研究组织 CH1 航天器上运行[6,14,15,38]。M³仪器是具有 24°视场（FOV）和 0.7 毫弧度空间采样的推扫式成像光谱仪。要支持的数据包括来自光学周期（OP）1、2 的全局模式（GM）1b 级数据和目标模式（TM）数据。来自 M³的 GM 数据是通过对全分辨率 TM 数据进行机载处理以降低空间和光谱分辨率而得到的。TM 数据具有 $446\sim3\,000$ nm 的光谱覆盖范围，259 个通道，10 nm/波段的光谱分辨率，以及 100 km 高度 70 m/px 的空间分辨率（后来在 200 km 轨道高度降低到 140 m/px）。GM 数据有 85 个通道，覆盖 $460\sim2\,976$ nm 的光谱范围，100 km 高度的空间分辨率为 140 m/px。航天器从 2009 年 5 月 13 日开始爬升到 200 km 的轨道开始，至 2009 年 8 月 16 日任务结束，GM 的空间分辨率下降到 280 m/px。GM 数据覆盖了月球 95% 以上的区域。

　　M³数据对于月球表面特征具有独特的价值，例如，表层水[30,38]以及土壤和岩石矿物学以高空间分辨率（140 m/px）绘制，波长为 $2.4\ \mu m$[5,9,22,24,26,34,35,37,44,47,53]。M³团队开发

---

　　④　Image identifier frt000047a3 _ 07 _ if166j _ mtr3. img，FRT frame at ～18 m/pixel.

　　⑤　Available at https：//pds - geosciences. wustl. edu/missions/mro/crism. htm，an IDL plug - in that provides a GUI interface and a list of available parameters.

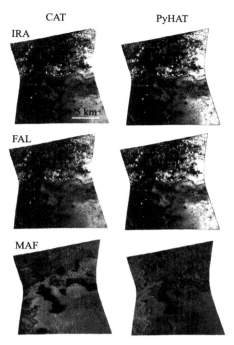

图 4-3　CAT（左）和 PyHAT（右）在火星上的 JEZERO 陨石坑的单个 CRISM MTRDR
场景（FRT000047A3 _ 07 _ IF166J _ MTR3. IMG，FRT 帧为 18 m/px）的三个导出
参数的结果：IRA（上）、FAL（中）和 MAF（下）（见彩插）

并使用了一系列矿物指标参数作为分析指南，并提供描述月球表面矿物学的产品。开发这
些参数是为了捕捉与镁铁质硅酸盐的存在与否、土壤成熟度和空间风化有关的光谱变化的
主要模式。M^3 光谱覆盖描述了月球表面两种最常见的镁铁质矿物——橄榄石和辉石的特
征。这两种矿物都具有随成分变化的诊断吸收。辉石在 1 μm 和 2 μm 附近有两个诊断吸
收[1,11]，橄榄石在 1 μm 附近有一个吸收特征，由三个单独的重叠矿物吸收组成[7,45]。尽
管 M^3 科学团队创建并使用了与 CRISM 团队类似的衍生矿物学绘图算法，但他们并没有公
布全面的列表。这里描述的工作将通过创建一个经过验证的派生工具库并使其公开可用来
解决列表缺少的问题。

　　与上面的 CRISM 示例一样，我们展示了一系列衍生的 M^3 产品，其中我们将基于 IDL
的 M^3 工具软件（由科学团队使用，但以前未公开）的结果与 PyHAT 的结果进行了比较。
这些也是使用用户友好的 QGIS 界面生成的，使用大约 500×300 px 的 M^3 子框架 6⑥ 作为
输入，该子框架 6 以月球上阿里斯塔克斯陨石坑的东部为特色。Mustard 等人对该地区的
矿物学进行了描述[34]。阿里斯塔克斯陨石坑的北缘具有中等的 1 μm 和较强的 2 μm 波段
深度（归因于 LCP 的存在，典型的主要是苏长岩或上地壳月球成分）。它有一个显著的富
含橄榄石的冲击熔体沉积物（在 1 μm 处有一个强吸收带，没有 2 μm 吸收带），延伸到东

⑥　Extracted from Image M3G20090209T054031 _ V01 _ RFL. IMG.

南边缘。此外，它有一个光谱上无特征的冲击熔融沉积物（可能是熔化的当地岩石或玻璃的组合），覆盖了南部底部和东部边缘，并向东延伸。在图 4 - 4 中，我们展示了 M³ 阿里斯塔克斯陨石坑场景的几个黑白版本。BD950 或"带深度 950 "［图 4 - 4 和式（4 - 1），来自 M³ 工具］是 1 μm 波段深度的测量，参数图像都显示了底部、南部和东部陨石坑边缘的无光谱特征（暗）冲击熔体沉积物，以及北部和东南部陨石坑边缘的富含辉石单元。图 4 - 4 的中间图像以 OLINDEX（M³ Tools 的式 4 - 2）为特征，这是橄榄石矿物指数（测量 1 μm 附近的带深度），和 BD950 一样，它突出显示了类似的单位，这一次突出显示了冲击熔体中富含橄榄石（明亮）的部分。图 4 - 4 中底部的图像显示了 BDI2000 或 "2 μm 处的积分带深度（或 2 000 nm）"（式（4 - 3）由 Mustard 等人[34] 和 M³ 工具完成），并突出显示了北部陨石坑边缘和由于 LCP 而较强的 2μm 带深度。在所有方程中，我们都使用简写的 R 来表示给定波长下的反射率，独立数字是以 nm 为单位的波长值。在式（4 - 3）中，RC 是连续反射，定义为穿过 2 μm（或 2 000 nm）吸收带的直线，1658 是要积分的系列中的第一个波长，40 是以 nm 为单位的波长间隔，n 是要积分的通道数量。

$$BD950 = 1 - \frac{R949}{\left(\dfrac{R1579 - R749}{1579 - 749}\right) \cdot (949 - 749) + R749} \tag{4-1}$$

$$OLINDEX = 0.1 \frac{\left(\dfrac{R1750 - R650}{1750 - 650}\right)(860 - 650) + R650}{R860}$$

$$+ 0.5 \frac{\left(\dfrac{R1750 - R650}{1750 - 650}\right)(1047 - 650) + R650}{R1047} \tag{4-2}$$

$$+ 0.25 \frac{\left(\dfrac{R1750 - R650}{1750 - 650}\right)(1230 - 650) + R650}{R1230}$$

$$BDI2000 = \sum_{n=0}^{21} 1 - \frac{R(1658 + 40n)}{RC(1658 + 40n)} \tag{4-3}$$

4.3.3　Kaguya 光谱剖面仪

SELENE（"月亮女神"）航天器于 2007 年 9 月发射，2009 年 6 月撞击月球表面。它携带了 15 种不同的科学仪器[41,55]。其中，SP[29,55,56] 是由三个线性阵列探测器（VIS、NIR - 1 和 NIR - 12）和两个光栅[55] 组成的高光谱点分光计组成。VIS 探测器的光谱分辨率为 6 nm，两个 NIR 探测器的光谱分辨率均为 8 nm[16]。SP 数据捕获 296 个光谱带，其中 VIS 检测器能够捕获 512.6 nm 至 1 010.7 nm 之间的 84 个光谱带，NIR - 1 能够捕获 88.3 nm 至 1 676.0 nm 之间的 100 个谱带，NIR - 2 捕获 1 702.1 nm 至 2 587.9 nm 之间的 112 个谱带[16,55]。空间分辨率随轨道高度变化（在 130 km 和标称 100 km 之间）。给定 125 mm 焦距和 0.23°视场，标称点分辨率约为 500 m（沿航迹）×400 m（跨航迹）[16]。

PyHAT 支持读取 2B2 和 2C 级别的 SP 数据集。2B2 级数据已进行辐射校准，并转换

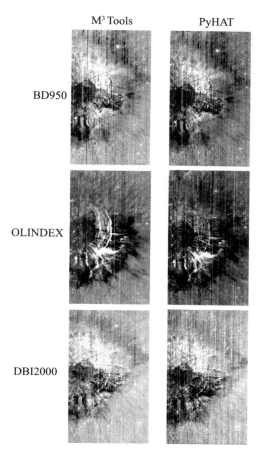

图 4 - 4　M³工具（左）和 PyHAT（右）从覆盖 Aristarchus 陨石坑（40 km 宽）的
M³子框 4031 得到三个导出参数：BD950（上）或 1 μm 波段深度，OLINDEX（中）
或橄榄石波段深度指数，BDI2000（下）或 2 μm 综合波段深度

为漫射光谱反射率。此外，2B2 级产品还配有 Kaguya 地形相机背景图像。2C 级产品应用了额外的空间相关性、光度校正和反射率转换算法。

　　下面，我们将演示 PyHAT 中可用的一些点谱分析方法。在图 4 - 5 中，libpyhat 库被导入到一个活动的 Jupyter Notebook 会话中。代码库中包含了一些示例文件，它们既可用于测试目的，也可为希望在下载感兴趣区域的其他数据之前使用该库进行试验的用户提供支持。get_path 函数是一个辅助工具，它知道我们在库中提供的数据的位置。然后，最后的代码单元演示了如何打开 SPC 文件，该文件包含在日本宇宙航空研究开发机构（JAXA）提供的 2C 级别的 SP 数据文件中。输出（数据）集是一个 PyHAT Spectra 对象，其行为与 Pandas 数据帧的行为相同。

　　图 4 - 5 中显示的数据包括光谱信息和相关的元数据。轴索引是分层的，其中横行轴索引指示最高级别的观测标识符，然后指示次要级别的频谱类型。每个 SP 光谱都提供了原始仪器观测值，分别针对 Mare 和 Highlands 校正的 Ref1 和 Ref2 反射光谱，指示是否

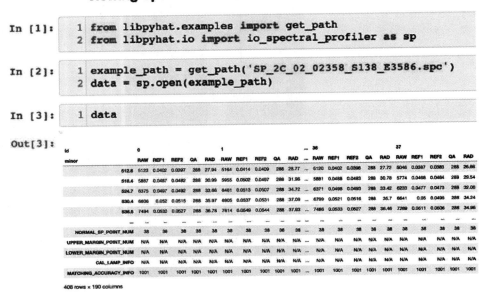

图 4 - 5　Jupyter Notebook 演示如何加载 SP 阶段 2C 文件（这里我们展示了支持逐观测索引
（0，1，2，…，n）和单个数据产品索引（原始，参考 1 等）的多索引；此外，还提供了
相关的逐观测元数据，允许进行基于属性的查询等操作）

存在仪器噪声的 QA 或质量控制阵列，以及最后的辐射亮度或 RAD 光谱。竖列虽然部分被遮蔽，以节省总图形长度，但说明了观测波长和每个光谱元数据。

在图 4 - 6 和图 4 - 7 中，我们演示了与单个 SP 观测相关联的分组数据，然后询问与给定观测相关联的数据和元数据。我们选择维持观测元数据，即使所有观测都共享元数据的一个子集。这样做的原因是由于总体数据量很低，这种做法简化了区分不同聚合尺度上的元数据所需的簿记工作。

Viewing the data at the observation level

It is frequently preferable to view data at the observation level. To do this we can group the data and then iterate over the observations.

```
In [17]:   1 observations = data.groupby('id', axis='columns')
```

图 4 - 6　Jupyter Notebook 演示了观察分组逐点分析

每个观测元数据都能够使用 Pandas 结构化查询语言（SQL）之类的工具来搜索光谱的大型数据帧，以查找满足某些给定标准的观测值，这是有好处的。例如，元数据包括纬度、经度、入射角和发射角信息。使用这些元数据，人们可以查询一组观测值（存储在 Spectra 对象中），只查询满足给定标准的观测值子集。

在图 4 - 8 中，我们演示了 PyHAT Spectrum 对象上可用的索引功能。可视化 Spectrum 对象（x 轴）的列由波长标记。在数据读取时，一些波长标签可以有许多与浮

Viewing the metadata associated with an observation

Once we have an iterator of observations, we can select individual spots to interrogate. Below, we first extract the metadata associated with the first observation in our example 2C data. Below that, we extract the data that we will use for a mock analysis.

```
In [34]:    1  obs0 = observations.get_group(0)
```

```
In [35]:    1  obs0.metadata
```

Out[35]:

| id | 0 | | | | |
minor	RAW	REF1	REF2	QA	RAD
SPACECRAFT_CLOCK_COUNT	8.92633e+08	8.92633e+08	8.92633e+08	8.92633e+08	8.92633e+08
VIS_FOCAL_PLANE_TEMPERATURE	21.06	21.06	21.06	21.06	21.06
NIR1_FOCAL_PLANE_TEMPERATURE	18.33	18.33	18.33	18.33	18.33
NIR2_FOCAL_PLANE_TEMPERATURE	243	243	243	243	243
SPECTROMETER_TEMPERATURE_1	18.59	18.59	18.59	18.59	18.59
...	...	...	...	...	...
NORMAL_SP_POINT_NUM	38	38	38	38	38
UPPER_MARGIN_POINT_NUM	N/A	N/A	N/A	N/A	N/A
LOWER_MARGIN_POINT_NUM	N/A	N/A	N/A	N/A	N/A
CAL_LAMP_INFO	N/A	N/A	N/A	N/A	N/A
MATCHING_ACCURACY_INFO	1001	1001	1001	1001	1001

139 rows × 5 columns

```
In [38]:    1  obs0.data
```

Out[38]:

| id | 0 | | | | |
minor	RAW	REF1	REF2	QA	RAD
512.6	5123.0	0.0402	0.0397	288.0	27.94
518.4	5887.0	0.0487	0.0482	288.0	30.99
524.7	6375.0	0.0497	0.0492	288.0	33.66
530.4	6806.0	0.0520	0.0515	288.0	35.97
536.5	7494.0	0.0532	0.0527	288.0	36.76
...	...	...	...	...	...
2556.0	6806.0	0.0000	0.0000	296.0	0.00
2564.0	11534.0	0.0000	0.0000	296.0	0.00
2572.0	7317.0	0.0000	0.0000	296.0	0.00
2579.9	11412.0	0.0213	0.0212	288.0	0.34
2587.9	6100.0	0.0000	0.0000	296.0	0.00

269 rows × 5 columns

图 4 - 7　Jupyter Notebook 演示 PyHAT 中 SP 数据的数据和元数据可用性（在图的顶部，我们显示了元数据属性以及与观测值 0 中的每个数据条目相关联的元数据；在底部，我们显示了数据属性，其中只包括波长和观测到的 DN）

点不准确性相关的尾随零（或 0.00000000000004）。这些不准确性会使基于标签的访问（例如，剪辑到仅在两个波长之间可视化）具有挑战性。出于这个原因，光谱和光谱对象支持容差的想法。用户可以在公差范围内提供波长值，我们在编程中四舍五入。这使得光谱子集的选择更加直观。

最后，在图 4 - 9 和 4 - 10 中，我们演示了一个最小分析，其中线性连续体拟合在 704 nm 至 1 595 nm 之间，然后在 800 nm 至 1 000 nm 之间计算波段最小值[18]。

我们希望在 Jupyter Notebook 可视化中展示 PyHAT 的灵活性。该库支持更多的预处理和分析功能，我们将继续在 GitHub 页面上使用 Jupyter Notebook 记录这些功能。我们预计还会对 API 进行小改动，以提升用户体验，改善 Pandas 与我们的自定义光谱和光谱对象之间的交互，并添加扩展以支持其他数据产品。

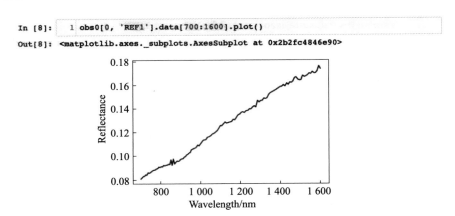

图 4 - 8　在 Jupyter Notebook 电脑环境中，在大约 700 nm 至 1600 nm 波长之间进行单个观测的绘图

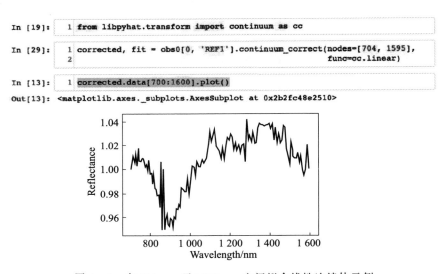

图 4 - 9　在 704 nm 至 1595 nm 之间拟合线性连续体示例

```
In [34]:   1 from libpyhat.analytics.analytics import band_minima

In [38]:   1 minidx, minval = band_minima(corrected,
           2                              low_endmember=800,
           3                              high_endmember=1000)
           4 print(f'The band minimum between the ~800 and ~1000nm end members is {minval}.')

The band minimum between the ~800 and ~1000nm end members is 0.9497539201098775.
```

图 4 - 10　计算 800 nm 到 1000 nm 之间的波段最小值示例

4.4　原位 PyHAT

　　对于在实验室或在着陆任务中通过仪器收集的 PyHAT 原位数据，PyHAT 包含了各种预处理和分析方法，可以直接通过 PyHAT 存储库或 GUI 访问。GUI 的源代码位于单独的存储库中[⑦]。

原位 PyHAT 功能使用简单逗号分隔值（CSV）格式的数据（图 4-11），其中每个频谱及其相关联的元数据一起存储在一行中。CSV 文件具有两级列标签，第一行表示数据的大类别，例如"WVL"表示波长、"META"表示元数据、"COMP"表示成分；第二行表示更具体的类别，例如给定光谱通道的波长、目标的名称或目标中给定化学元素的浓度。Pandas 库用于高效地将此 CSV 格式的数据读入数据帧，利用"多索引"功能处理两个级别的列名。使用多索引列使软件能够根据需要访问大数据块（例如数据帧中的所有光谱）或单个列。

meta	meta	meta	comp	comp	wvl	wvl	wvl	wvl
Target Name	Target Type	Spectrum ID	SiO_2	Al_2O_3	224.666	224.721	224.776	224.831
LANTX1	Llanite	JSC1365	76.9	11.46	35.33	7.33	31.33	−1.67
DIHUQ1	Diopside	JSC1366	54.54	0.7	37.44	20.44	−30.56	20.44
HLNMT1	Pyroxene	JSC1370	41.79	12.32	−10	−7	8	−2
OUC1	Olivine	JSC1371	50	0.82	5.11	8.11	−12.89	13.11
NANLB1	Labradorite	JSC1372	54.36	27.26	30.56	−10.44	−23.44	5.56
CA9U1	Basalt	JSC1373	50.75	13.98	−20.22	−12.22	29.78	12.78
CA9OB1	Obsidian	JSC1374	74.18	13.48	1.44	9.44	2.44	−9.56
CA9KRY1	Rhyolite	JSC1375	67.5	14.44	−6.56	−20.56	−5.56	26.44
MGSDL1	Sodalite	JSC1376	36.96	30.49	−0.61	19.39	12.39	6.39
CA9OB2	Obsidian	JSC1377	69.99	13.27	−21.28	−23.28	−23.28	−14.28

图 4-11　用于现场数据分析的表格数据格式示例

原位 PyHAT 的 GUI 是围绕工作流的概念组织的，我们把一系列离散的数据处理和分析步骤称为模块（图 4-12）。GUI 的主窗口由一个中央工作空间组成，这些模块可以使用窗口顶部的菜单项添加到其中例如工作流、数据、预处理、分类、回归、可视化。模块可以按任何顺序添加，使用户在分析数据时尽可能灵活。窗口底部的按钮（例如重新运行、停止、插入后、删除和确定）允许用户修改和运行工作流。在这些按钮上面是一个控制台窗口，显示模块输出、报错及进度条。

原位 PyHAT 包括多种工具，可帮助用户进行数据管理、预处理、分类、回归和可视化。数据管理工具有助于组织光谱，但不会改变存储在每个光谱通道中的数值。数据管理工具包括读取和写入数据，查找元数据，组合和划分数据集，删除离群值，以及为以后的交叉验证和测试定义折叠。预处理工具（如频谱屏蔽、基线去除、校准转移、归一化和降维）会改变已加载数据的实际值，使其噪声更小，更易于分析，并产生更准确的结果。这些更改"就地"发生，修改当前存储在内存中的光谱（但不更改原始源文件，除非明确覆盖）。原位 PyHAT 还包括有限的分类功能，允许用户将数据集分为不同的类别（例如矿物类型）。目前，已利用 Scikit-Learn 库实现了 K-Means 和谱聚类，正在资助实施其他

---

⑦　https：//github.com/USGS-Astrogeology/PyHAT_Point_Spectra_GUI.

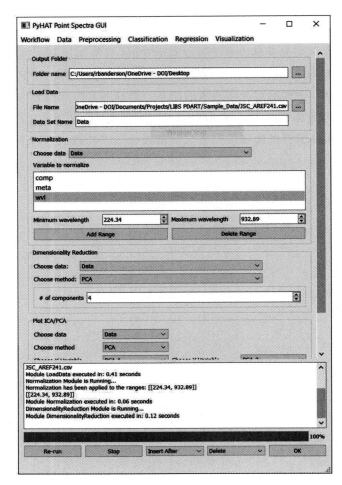

图 4-12　原位 PyHAT 的 GUI 中的工作流示例（包括指定输出目录，加载和规范化光谱，
运行 PCA 和绘制结果的模块）

监督和非监督算法的工作。

　　原位 PyHAT 的重点是能够运行回归分析，允许用户根据光谱数据预测连续数值（例如化学成分）。回归模型在感兴趣的量已被独立测量观察的基础上进行训练。交叉验证允许用户调整模型参数，但无需过度调整。然后，可以将训练的模型应用于测试数据集以评估预测的准确性，并最终应用于未知数据集以确定感兴趣的量。原位 PyHAT 包括来自 Scikit-Learn 的各种回归算法，并且包括混合来自多个子模型的结果的能力。当未知数据可能跨越广泛的目标类型时，子模型混合尤其有用。例如，混合子模型用于根据好奇号火星车上的 ChemCam 激光诱导光谱仪（LIBS）的光谱来预测火星目标的化学成分。

4.4.1　基线删除示例

　　在本例中，使用原位 PyHAT 的 GUI 中可用的几种不同算法，在 LIBS 数据上演示了基线删除预处理步骤。LIBS 技术的工作原理是使用高强度的激光脉冲来烧蚀目标，产生一个小的等离子火花，等离子体发出的光被收集并分离成光谱。一些 LIBS 仪器，包括 ChemCam 和 SuperCam，相对于火花的寿命有较长的曝光时间，因此包含显著的韧致辐射背景信号。这种背景信号包含的有用信息很少，因此去除它可以使分析更聚焦感兴趣的、信息更为丰富的光谱特征[13]。

PolyFit 是对最常用的基线校正方法多项式拟合[27]的改进。它通过迭代将多项式拟合到频谱，将高于多项式的值设置为拟合函数，并进行重复，直到达到最小变化的阈值，来找到基线。

Kajfosz–Kwiatek（KK）拟合多个多项式来近似信号，然后使用最大多项式值来定义基线。该算法最初是为 X 射线近边缘吸收光谱设计的，但也适用于具有许多窄特征[23]的任何数据集。

Min＋插值方法是受 ChemCam 使用的小波 A. trous＋样条方法启发的一种简化方法。主要区别在于，该方法不是使用小波分解来引导识别原始频谱中的局部最小值，而是简单地将频谱划分为指定大小的片段，在每个片段中找到最小值，并在它们之间进行插值。在此示例中，插值使用三次样条。

这些算法的输出如图 4-13 所示。在这种情况下，Polyfit 遗漏了原始数据中的一些细节。KK 算法做得比较好，但它有一些尖点，其中多项式是联合在一起的。最小值＋插值算法在频谱的大多数部分表现良好，但在某些位置确实偏离了预期的基线。这些结果使用了每种算法的默认设置，调优参数将产生改进的基线去除结果。

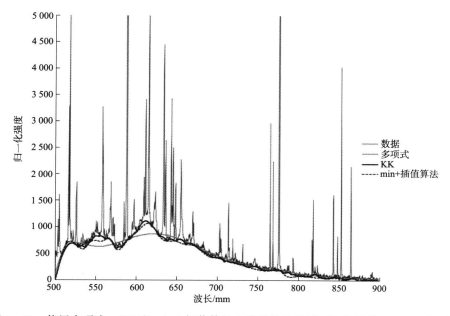

图 4-13　使用多项式、KK 和 min＋插值算法去除基线的示例（这些只是 PyHAT 中可用的一些基线删除算法）（见彩插）

4.4.2　回归分析示例

在对数据进行预处理（例如屏蔽坏数据、去除离群值、基线去除、标准化）之后，用户可以在 GUI 中运行分类和回归分析。回归的目标是能够基于光谱预测数值量（如成分）。为了实现这一目标，回归模型在已独立测量感兴趣量的训练数据的基础上识别光谱通道和感兴趣变量之间的相关性。

有可能训练一个回归模型，以完美的准确性预测训练数据，但这样的模型往往过于专业化：当应用于新的（看不见的）数据时，过拟合的模型将给出不准确的结果。一个广为人知的过拟合的例子是使用高阶多项式来拟合噪声数据。为了避免过拟合，必须调整模型参数，以便模型能够处理新数据。这种参数调整是使用交叉验证完成的。

交叉验证涉及迭代保留训练数据的子集，并将其视为未知数据，以在调整参数时评估模型性能。本书作者之一 Anderson 编写的分层折叠模块用于定义将被迭代保持的数据的子集。它的工作原理是对感兴趣变量的训练数据进行排序，然后逐步通过该变量的唯一值，并依次将光谱分配给每个折叠包。结果是一组折叠包，其中感兴趣变量的分布尽可能相似。其中一个折叠包通常被留作测试集：完全从模型调优和训练过程中保留下来的数据，用于评估最终模型的准确性。

原位 PyHAT 的 GUI 包括交叉验证模块，该模块允许用户评估多个不同的回归算法和每个算法的多个不同的参数设置，以确定手头任务的最佳方法和设置。

它还包括在有限值范围内训练子模型中"混合"预测的能力。模型混合对于提高整体精度非常有用，特别是在处理来自不同目标的数据时。为了混合子模型，需要重复交叉验证过程，并为每个子模型找到最优设置。一个跨越整个值范围的初始模型被用作第一预测，这反过来又决定了最终预测使用哪一个子模型。混合子模型方法是一种简单的方法，具有与集成方法相同的一些优点。有关子模型回归方法的更多信息，请参阅 Anderson 等人论述[2]。

原位 PyHAT 的 GUI 还包括绘制回归结果和自动计算均方根误差（RMSE）的功能，这是衡量回归模型准确性的标准。图 4 - 14 显示了基于 LIBS 谱预测 SiO2 wt. ％的测试集结果。比较了优化的偏最小二乘（Partial Least Squares，PLS）模型和最小绝对收缩及选择算子（Least Absolute Shrinkage and Selection Operator，LASSO）模型的结果，并与多个 PLS 子模型的混合结果进行了比较。混合子模型具有较低的总体均方根误差（RMSE），表明精度更高。

4.4.3　数据勘探示例

在这个例子中，我们演示了原位 PyHAT 的 GUI 在 Jupyter Notebook 中的数据探索能力。一旦数据被加载、屏蔽和归一化（图 4 - 15），我们就执行降维。该 GUI 允许用户在 PCA[54]、局部线性嵌入（LLE）[40]、t 分布随机邻域嵌入（t - SNE）[49]以及两种不同的独立成分分析（ICA）方法："快速 ICA"和"特征矩阵联合近似对角化（JADE）ICA"[8]

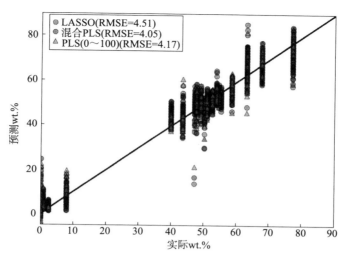

图 4-14　预测测试集 SiO_2 wt. % 与实际 SiO_2 wt. % ［混合 PLS 模型总体上比 PLS
或单独 LASSO 更准确（较低的 RMSE）］

和[21]之间进行选择。对于这个例子，我们使用 PCA 和 t-SNE。

```
In [1]:  import libpyhat
         from libpyhat.transform import mask, norm, dim_red
         import libpyhat.clustering.cluster as cluster
         import pandas as pd
         import matplotlib.pyplot as plot
         import numpy as np
```

```
In [2]:  #load the data
         datafile = "JSC_data_combined_20170307.csv"
         data = pd.read_csv(datafile,header=[0,1],low_memory=False)
```

```
In [3]:  #Mask and Normalize the data
         maskfile = "mask_noise.csv"
         data = mask.mask(data,maskfile)
         data = norm.norm(data,[[0,350],[351,470],[471,850]])
```

```
In [4]:  #Run PCA and get data for plotting
         data, dim_red_obj = dim_red.dim_red(data,'wvl','PCA',[],{'n_components':15})
         loading1 = dim_red_obj.components_[0,:]
         loading2 = dim_red_obj.components_[1,:]
         var1 = dim_red_obj.explained_variance_ratio_[0]*100
         var2 = dim_red_obj.explained_variance_ratio_[1]*100
         x = data[('PCA','PCA-1')]
         y = data[('PCA','PCA-2')]
         xlabel = 'PC 1 ('+str(round(var1,2))+'%)'
         ylabel = 'PC 2 ('+str(round(var2,2))+'%)'
         colorvar = 'MgO'
         wvls = data['wvl'].columns.values
```

图 4-15　使用 Jupyter Notebook 在 PyHAT 中加载和预处理数据以降维

　　PCA 是一种应用广泛且相对简单的算法，它通过高维数据云实现沿正交轴的方差最大化，其中每个光谱是云中的一个点，每个光谱通道是一个维。为了可视化 PCA 结果，我们使用 GUI 中的一个内置绘图模块，称为"Plot ICA/PCA"。该模块创建了显示 ICA 或 PCA 降维结果的分数和负载图表。分数是光谱投影到算法定义新轴上的值，负载是与光谱相乘以得出分数的权重向量。在分数旁边检查负载可以帮助解释分数的物理意义。在分数图中用颜色标注分数也可以提供信息。例如，在图 4 - 16 中，PCA 评分图是由目标中已知的 MgO 丰度彩色编码的。有一个明确的趋势显示，高 MgO 谱在前两个主成分中有正的评分。检查加载图可以发现原因：前两个组件的加载与 MgO 发射线（例如在 280 nm 附近）相对应，具有正权重。

PCA 只进行线性降维，而 t - SNE（vander Maaten and Hinton[49]）是一种基于非线性流形的方法，非常适合在 2 维或 3 维中对高维数据的结构进行可视化。与其他降维方法相比，t - SNE 的输出更容易可视化，因为它允许可视化非常接近的数据点，也允许可视化非常不同的数据点。PyHAT 使用 t - SNE 的 scikit - learn 实现。图 4 - 17 是光谱数据的 t - SNE 表示，从中可以看出 PCA 评分图中不明显的结构。我们对 15 个分量的 PCA 评分进行了 K 均值分析，这几乎捕捉了谱数据中的所有方差。

原位 PyHAT 的 GUI 目前实现了来自 Scikit - Learn 的 K 均值聚类[3]和谱聚类[51]，将来会添加其他聚类算法。在本例中，我们在 PCA 分数上运行 K 均值聚类，聚类数量设置为 6。图 4 - 17 中的 t - SNE 图已经根据这些簇进行了颜色编码。请注意，某些彩色点绘制在看起来与该颜色的主簇不同的位置。这是由于由 t - SNE 执行的高维数据失真。这些点在高维空间中彼此接近，但在 2 维（2D）映射上不接近。

4.4.4　校准转移

接下来，我们将演示原位 PyHAT 的 GUI 的校准传输功能。如上所述，我们已经加载并预处理了一个数据集，现在我们在样本子集上加载从不同仪器上收集的单独数据集。通过掩蔽和标准化，以相同的方式对第二数据集进行预处理。然后，将第一数据集重新采样到与第二数据集相同的光谱通道，以使光谱精确兼容。之后，我们运行校准转移交叉验证。PyHAT 中有 11 种不同的校准传输算法，每种算法都可能有几个参数需要调整。交叉验证模块允许用户有效迭代不同的算法和参数设置，以确定最佳选择。为了简单起见，在这个例子中，我们使用分段直接标准化[52]。该算法对于 LIBS 光谱是相对快速和有效的。

校准传递交叉验证模块将两个数据集作为输入，并基于指定的匹配列识别它们共有的光谱。在本例中，我们匹配样本名称。每个数据集中具有相同样品名称的重复光谱被平均在一起，使得模块以两个数据集结束，每个数据集具有它们共有的每个样品的单个平均光谱。此时，交叉验证开始。

对于模型设置的每次排列，从数据集中迭代提出每个样本，在剩余的光谱上训练校准传输模型，然后应用于提出的光谱。校准传输的性能是基于转换后的频谱与转换应该匹配的数据集中的频谱之间的差值来计算的。在所有光谱上迭代后的平均 RMSE 可以让我们了解哪种算法和参数能给出最好的结果。

图 4 - 16 是对掩码和归一化数据应用 PCA 得到的结果。分数图上的点是根据已知目标的 MgO wt. % 着色的。负荷是权重向量乘以谱来得出分数。右边的图显示，在 ～ 280 nm 的 Mg 发射线附近，两种成分都有很强的正权重，这解释了为什么最高的 MgO 点

```
In [5]:  #Make the PCA plot
         fig = plot.figure()
         fig.set_size_inches(10, 4)
         ax1 = fig.add_subplot(2, 2, (1, 3))
         ax2 = fig.add_subplot(2, 2, 2)
         ax3 = fig.add_subplot(2, 2, 4, xlabel='Wavelength (nm)')
         ax1.set_xlabel(xlabel)
         ax1.set_ylabel(ylabel)
         mappable = ax1.scatter(np.squeeze(x), np.squeeze(y), c=data[('comp', 'MgO')], cmap='viridis',
                                linewidth=0.2, edgecolor='Black')
         fig.colorbar(mappable, label=colorvar, ax=ax1)
         ax2.plot(wvls, loading1, linewidth=0.5)
         ax3.plot(wvls, loading2, linewidth=0.5)
         ax2.set_yticklabels([])
         ax2.set_xticklabels([])
         ax2.set_ylabel(xlabel)
         ax3.set_yticklabels([])
         ax3.set_ylabel(ylabel)
         fig.savefig('PCA_fig.png', dpi=1000)
```

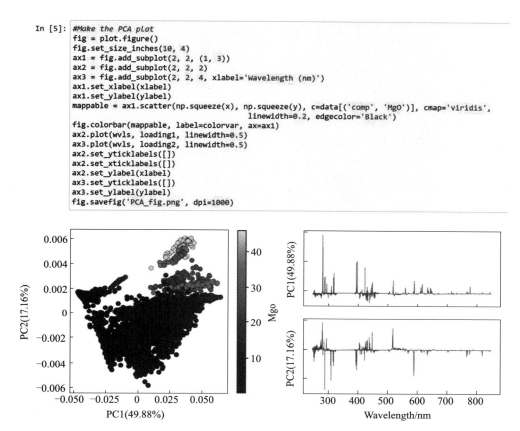

图 4 - 16 　 前两个主成分的得分（左）和载荷（右）（轴标签上的括号中解释了％的方差）（见彩插）

出现在分数图的右上角。注意，分数和负荷是没有单位的。还要注意，为了在 Jupyter Notebook 中复制 GUI 的内置绘图模块，我们将命令从模块复制到 Notebook 中。

如图 4 - 16 所示，揭示了 PCA 得分图中不明显的结构。图 4 - 17 中，颜色对应于 k 均值聚类，并说明 t - SNE 如何扭曲距离以更好地可视化数据，例如，在用于 k 均值的 PCA 空间中，紫色（打印版本为深灰色）聚类边缘的蓝色（打印版本为中灰色）点与紫色（打印版本为深灰色）聚类的其余部分很接近，但在 2D. t - SNE 图中却不是这样。

对于这个例子，我们使用 1 到 9 个光谱通道之间的窗口进行分段直接标准化交叉验证，并发现 7 个通道的窗口给出了最好的结果。图 4 - 18 显示了应用分段直接标准化之前（红色）和之后（蓝色）的第一个数据集的示例频谱，与第二个数据集（黑色）中的目标频谱进行比较。

原始的 JSC IBS 光谱（红色）被转换（蓝色），使其与在不同仪器上观察到的同一目标的光谱非常相似（黑色，由于强匹配，大部分由蓝色重叠）。

```
In [6]: #Run k-means clustering on PCA scores
        params = {'n_clusters': 6, 'n_init': 10}
        data = cluster.cluster(data, 'PCA', 'K-Means', [], params)

In [7]: #run tSNE
        tsne_params = {'n_components': 2, 'learning_rate': 200.0,'perplexity': 175}
        data, tsne_obj = dim_red.dim_red(data,'PCA','t-SNE',[],tsne_params)

In [8]: fig = plot.figure()
        ax = fig.add_subplot(1, 1, 1)
        mappable = ax.scatter(data[('t-SNE','t-SNE-1')], data[('t-SNE','t-SNE-2')],
                              c=data[('K-Means', 'K-Means-Cluster')], cmap='viridis', linewidth=0.2, edgecolor='Black')
        fig.colorbar(mappable, label='K-Means Cluster', ax=ax)
        ax.set_xticklabels([])
        ax.set_yticklabels([])
        fig.savefig('tSNE_kmeans_fig.png', dpi=1000)
```

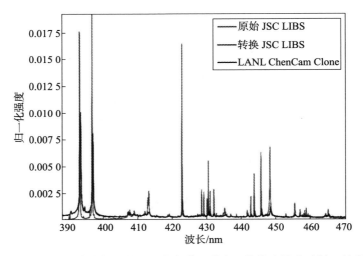

图 4 - 17　相同数据的 t - SNE 图 （见彩插）

图 4 - 18　用分段直接标准化和 7 个光谱通道窗口的校准转移示例 （见彩插）

4.5　结论

　　PyHAT 是一个高光谱数据分析工具，适用于开发更复杂的分析和环境。它还可以用于 Jupyter Notebook 内的探索性数据分析，或用于两个 GUI（一个用于轨道数据，一个用于原位数据），旨在支持寻求更友好用户体验的非开发人员（科学家）。为了演示 PyHAT 库的使用，我们介绍了该软件的轨道和原位应用。

　　这里展示的衍生产品也显示了我们的努力，目标是确保任务科学团队经常使用和发布的方程可以被非团队成员随时使用，他们的结果可以被准确地复制，并且方程可以根据需要进行编辑，以进行进一步的探索性研究。我们已经证明了 QGIS/PyHat Orbital 插件的功效，该插件可分别使用 M³ 和 CRISM 数据创建月球和火星快速矿物调查的衍生产品。这种自由复制超光谱和多光谱数据的数据管道型推导能力对行星科学界具有重要价值。同样，我们希望频谱分析方法在 Jupyter Notebook 环境中的演示应用，对于那些对更具交互性、探索性的数据可视化和分析环境感兴趣的科学家来说，是一个强大的动力，这种环境在传统 GUI 和更复杂的 Python 编程之间架起了一座桥梁。

　　PyHat Orbital 和 PyHat In－Site 以及相关的 GUI 可在 GitHub 上获得，并托管在美国地质调查局天体地质科学中心的页面下。安装说明和文档托管在这些软件存储库附近，用户可以随着功能的改进跟踪更改。使用 Anaconda Python 环境可以获得预编译的跨平台二进制文件，并且使用这些标准包管理解决方案进行安装非常简单。我们正在寻求消除使用障碍，以使 PyHAT 尽可能用户友好和易于采用。

　　我们相信 PyHAT 是对支持行星科学的免费开源软件语料库的宝贵补充。目前资助 PyHAT 原位的工作包括实现降维、分类、端元识别和光谱分解的附加算法。这项工作借鉴了地面遥感和机器学习文献中的算法，并将首先在 PyHAT 原位 GUI 中提供，然后在 PyHAT 轨道 GUI 中提供。ChemCam 和 SuperCam 科学团队已经在使用 PyHAT 原位图形用户界面，并且可以根据这些团队的需求实现底层 PyHAT 库和 PyHAT 原位图形用户界面中的其他功能。未来的工作还可能涉及修改 PyHAT 中使用的底层数据结构，以便轨道和原位方法使用通用的数据结构。

　　未来的工作可能包括对底层 API 进行小范围重构，并处理复制与切片 Pandas 数据帧的问题，以改善用户体验。拷贝与切片是当前实现的一个已知的复杂点，我们很高兴能够完成这项工作。此外，我们可能会增加对光谱提取的支持，并将结果与光谱库和分析方法进行比较，这将更好地支持将数据与著名的实验室光谱收集进行比较。光谱库功能已经完成了原型设计，并且完成这项工作的许多组件已经就位。

缩略词

　　API　　　　　　　　　　　　　　应用编程接口

CAT CRISM	分析工具包
Ch1 chandrayaan - 1	月船 1 号
CRISM	紧凑型火星侦察成像分光计
CSV	逗号分隔值
DN	数字数
ENVI	用于可视化图像的 ENVI 环境
FAL	假彩色红外
FoV	视场
FRT	全分辨率目标
GDAL	地理空间数据抽象库
GIS	地理信息系统
GM	通用模式
GUI	通用用户界面
HCP	高钙辉石
HRT	半分辨目标
ICA	独立分量分析
IDL	交互式数据语言
IRA	红外反照率
ISRO	印度空间研究组织
JADE	特征矩阵联合逼近对角化
JAXA	日本宇宙航空研究开发机构
JSC	约翰逊航天中心
KK	Kajfosz - Kwiatek
LANL	洛斯阿拉莫斯国家实验室
LASSO	最小绝对收缩与选择算子
LCP	低钙辉石
LIBS	激光诱导击穿光谱
LLE	局部线性嵌入
M3	月球矿物学绘图仪
MAF	镁铁质矿物学
MTRDR	预计目标减少数据记录
MRO	火星勘测轨道飞行器
NASA	美国国家航空航天局
NIR	近红外
OP	光学周期
PCA	主成分分析

PDS	行星数据系统
PLS	偏最小二乘法
PyHAT	Python 高光谱分析工具
QGIS	量子地理信息系统
RGB	红绿蓝
RMSE	均方根误差
SELENE	月球学与工程探测器
SP	光谱剖面仪
SQL	结构化查询语言
TM	目标模式
t–SNE	t–分布随机邻域嵌入
VIS	可见

致 谢

这项工作得到了 NASA – USGS 机构间协议 ♯ NNH16AC13I、PDART 协议 ♯ NNH15AZ89I 和 ♯ NNH18ZDA001N 的支持。任何对贸易、公司或产品名称的使用仅为描述性目的，并不意味着得到美国政府的支持。

参 考 文 献

［1］　J. B. Adams, Visible and near - infrared diffuse reflectance spectra of pyroxenes as applied to remote sensing of solid objects in the solar system, Journal of Geophysical Research (1896 - 1977) 79 (32) (1974) 4829 - 4836, https：//doi. org/10. 1029/JB079i032p04829.

［2］　R. Anderson, S. Clegg, J. Frydenvang, R. Wiens, S. McLennan, R. Morris, et al., Improved accuracy in quantitative laser - induced breakdown spectroscopy using submodels, Spectrochimica Acta Part B 129 (2017) 49 - 57, https：//doi. org/10. 1016/j. sab. 2016. 12. 002.

［3］　D. Arthur, S. Vassilvitskii, k - means＋＋： the advantages of careful seeding, in： SODA' 07： Proceedings of the Eighteenth Annual ACM - SIAM Symposium on Discrete Algorithms, 2007, pp. 1027 - 1035.

［4］　L. Barba, N. Clementi, G. Forsyth, The Python scientific stack, Web Page, retrieved8/6/2020, from https：//barbagroup. github. io/essential _ skills _ RRC/jupyter/1/, 2016.

［5］　S. Besse, J. M. Sunshine, M. I. Staid, N. E. Petro, J. W. Boardman, R. O. Green, et al., Compositional variability of the Marius hills volcanic complex from the moon mineralogy mapper (m3), Journal of Geophysical Research： Planets 116 (E6) (2011), https：//doi. org/10. 1029/2010JE003725.

［6］　J. W. Boardman, C. M. Pieters, R. O. Green, S. R. Lundeen, P. Varanasi, J. Nettles, et al., Measuring moonlight： an overview of the spatial properties, lunar coverage, selenolocation, and related level 1b products of the moon mineralogy mapper, Journal of Geophysical Research： Planets 116 (E6) (2011), https：//doi. org/10. 1029/2010JE003730.

［7］　R. Burns, M. Hochella, R. Liebermann, A. Putnis, Mineralogical Applications of Crystal Field Theory, Cambridge University Press, 1993, retrieved from https：//books. google. com/books? id ＝izKuGT5Bjp8C.

［8］　J. Cardoso, A. Souloumiac, Blind beamforming for non - Gaussian signals, IEE Proceedings6 (1993).

［9］　L. C. Cheek, C. M. Pieters, J. W. Boardman, R. N. Clark, J. P. Combe, J. W. Head, et al., Goldschmidt crater and the moon' s North polar region： results from the moon mineralogy mapper (m3), Journal of Geophysical Research： Planets 116 (E6) (2011), https：//doi. org/10. 1029/2010JE003702.

［10］　R. N. Clark, T. V. V. King, M. Klejwa, G. A. Swayze, N. Vergo, High spectral resolution reflectance spectroscopy of minerals, Journal of Geophysical Research： Solid Earth95 (B8) (1990) 12653 - 12680, https：//doi. org/10. 1029/JB095iB08p12653.

［11］　E. A. Cloutis, M. J. Gaffey, Spectral - compositional variations in the constituent minerals of mafic and ultramafic assemblages and remote sensing implications, Earth, Moon, and Planets 53 (1) (1991) 11 - 53, https：//doi. org/10. 1007/BF00116217.

［12］ E. A. Cloutis, F. C. Hawthorne, S. A. Mertzman, K. Krenn, M. A. Craig, D. Marcino, et al. , Detection and discrimination of sulfate minerals using reflectance spectroscopy, Icarus 184 （1） （2006） 121 – 157, https：//doi. org/10. 1016/j. icarus. 2006. 04. 003.

［13］ S. Giguere, C. Carey, M. Dyar, T. Boucher, M. Parente, T. Tague Jr, S. Mahadevan, Baseline removal in LIBS and FTIR spectroscopy：optimization techniques, in：46th Lunar and Planetary Science Conference, 2015, p. 2.

［14］ J. Goswami, M. Annadurai, Chandrayaan – 1：India' s first planetary science mission to the moon, Current Science 96 （2009, 01）.

［15］ R. O. Green, C. Pieters, P. Mouroulis, M. Eastwood, J. Boardman, T. Glavich, et al. , The moon mineralogy mapper （m3） imaging spectrometer for lunar science：instrument description, calibration, on – orbit measurements, science data calibration and on – orbit validation, Journal of Geophysical Research：Planets 116 （E10） （2011）, https：//doi. org/10. 1029/2011JE003797.

［16］ J. Haruyama, T. Matsunaga, M. Ohtake, T. Morota, C. Honda, Y. Yokota, et al. , Global lunar – surface mapping experiment using the lunar imager/spectrometer on SELENE, Earth, Planets and Space 60 （4） （2008） 243 – 255, https：//doi. org/10. 1186/BF03352788.

［17］ B. H. Horgan, R. B. Anderson, G. Dromart, E. S. Amador, M. S. Rice, The mineral diversity of Jezero crater：evidence for possible lacustrine carbonates on Mars, Icarus 339 （2020） 113526, https：//doi. org/10. 1016/j. icarus. 2019. 113526.

［18］ B. H. Horgan, E. A. Cloutis, P. Mann, J. F. Bell III, Near – infrared spectra of ferrous mineral mixtures and methods for their identification in planetary surface spectra, Icarus 234 （2014） 132 – 154, https：//doi. org/10. 1016/j. icarus. 2014. 02. 031.

［19］ G. R. Hunt, J. W. Salisbury, Visible and infrared spectra of minerals and rocks. IV：sulphides and sulphates, Modern Geology 3 （1971, January） 1 – 14.

［20］ G. R. Hunt, J. W. Salisbury, Visible and near infrared spectra of minerals and rocks. II. Carbonates, Modern Geology 2 （1971, January） 23 – 30.

［21］ A. Hyvarinen, E. Oja, Independent component analysis：algorithms and applications, Neural Networks 13 （1993） 411 – 430, https：//doi. org/10. 1016/S0893 – 6080 （00） 00026 – 5.

［22］ P. J. Isaacson, C. M. Pieters, S. Besse, R. N. Clark, J. W. Head, R. L. Klima, et al. , Remote compositional analysis of lunar olivine – rich lithologies with moon mineralogy mapper （m3） spectra, Journal of Geophysical Research：Planets 116 （E6） （2011）, https：//doi. org/10. 1029/2010JE003731.

［23］ J. Kajfosz, W. Kwiatek, Nonpolynomial approximation of background in x – ray spectra, Nuclear Instruments and Methods in Physics Research B （1987） 78 – 81.

［24］ R. Klima, J. Cahill, J. Hagerty, D. Lawrence, Remote detection of magmatic water in Bullialdus crater on the moon, Nature Geoscience 6 （9） （2013, 09） 737 – 741, https：//doi. org/10. 1038/ngeo1909.

［25］ T. Kluyver, B. Ragan – Kelley, F. Perez, B. Granger, M. Bussonnier, J. Frederic, et al. , Jupyter notebooks – a publishing format for reproducible computational workflows, in：20th International Conference on Electronic Publishing, 2016, 01.

［26］ G. Y. Kramer, S. Besse, D. Dhingra, J. Nettles, R. Klima, I. Garrick – Bethell, et al. , M3 spectral analysis of lunar swirls and the link between optical maturation and surface hydroxyl formation at magnetic anomalies, Journal of Geophysical Research: Planets 116 (E9) (2011), https: //doi. org/10. 1029/2010JE003729.

[27] C. Lieber, A. Mahadevan – Jansen, Automated method for subtraction of fluorescence from biological Raman spectra, Applied Spectroscopy 57 (11) (2003) 1363 – 1367.

[28] P. Lucey, D. Blewett, B. Jolliff, Lunar iron and titanium abundance algorithms basedon final processing of clementine ultraviolet – visible images, Journal of Geophysical Research 105 (2000) 20297 – 20305.

[29] T. Matsunaga, M. Ohtake, J. Haruyama, Y. Ogawa, R. Nakamura, Y. Yokota, et al. , Discoveries on the lithology of lunar crater central peaks by SELENE spectral profiler, Geophysical Research Letters 35 (23) (2008) L23201, https: //doi. org/10. 1029/2008GL035868.

[30] T. B. McCord, L. A. Taylor, J. – P. Combe, G. Kramer, C. M. Pieters, J. M. Sunshine, R. N. Clark, Sources and physical processes responsible for oh/h2o in the lunar soil as revealed by the moon mineralogy mapper (m3), Journal of Geophysical Research: Planets 116 (E6) (2011), https: //doi. org/10. 1029/2010JE003711.

[31] F. Morgan, F. P. Seelos, S. L. Murchie, CRISM analysis toolkit (CAT), in: L. R. Gaddis, T. M. Hare, R. Beyer (Eds.), Summary and Abstracts of the Planetary Data Workshop, June 2012, 2014, pp. 125 – 126.

[32] S. Murchie, R. Arvidson, P. Bedini, K. Beisser, J. – P. Bibring, J. Bishop, et al. , Compact reconnaissance imaging spectrometer for Mars (CRISM) on Mars reconnaissanceorbiter (MRO), Journal of Geophysical Research: Planets 112 (E5) (2007), https: //doi. org/10. 1029/2006JE002682.

[33] S. L. Murchie, F. P. Seelos, C. D. Hash, D. C. Humm, E. Malaret, J. A. McGovern, et al. , Compact reconnaissance imaging spectrometer for Mars investigation and data set from the Mars reconnaissance orbiter' s primary science phase, Journal of Geophysical Research: Planets 114 (E2) (2009), https: //doi. org/10. 1029/2009JE003344.

[34] J. F. Mustard, C. M. Pieters, P. J. Isaacson, J. W. Head, S. Besse, R. N. Clark, et al. , Compositional diversity and geologic insights of the Aristarchus crater from moon mineralogy mapper data, Journal of Geophysical Research: Planets 116 (E6) (2011), https: //doi. org/10. 1029/2010JE003726.

[35] J. W. Nettles, M. Staid, S. Besse, J. Boardman, R. N. Clark, D. Dhingra, et al. , Optical maturity variation in lunar spectra as measured by moon mineralogy mapper data, Journal of Geophysical Research: Planets 116 (E9) (2011), https: //doi. org/10. 1029/2010JE003748.

[36] S. M. Pelkey, J. F. Mustard, S. Murchie, R. T. Clancy, M. Wolff, M. Smith, et al. , CRISM multispectral summary products: parameterizing mineral diversity on Mars from reflectance, Journal of Geophysical Research: Planets 112 (E8) (2007), https: //doi. org/10. 1029/2006JE002831.

[37] C. M. Pieters, S. Besse, J. Boardman, B. Buratti, L. Cheek, R. N. Clark, et al. , Mgspinel lithology: a new rock type on the lunar farside, Journal of Geophysical Research: Planets 116 (E6) (2011), https: //doi. org/10. 1029/2010JE003727.

[38] C. M. Pieters, J. N. Goswami, R. N. Clark, M. Annadurai, J. Boardman, B. Buratti, et al. , Character and spatial distribution of oh/h2o on the surface of the moon seen bym3 on Chandrayaan – 1, Science 326 (5952) (2009) 568 – 572, https: //doi. org/10. 1126/science. 1178658.

[39]　G. R. Rossman，Spectroscopic and magnetic studies of ferric iron hydroxy sulfates：the series fe (oh) so4 • nh2o and the jarosites，American Mineralogist 61 (506) (1976) 398 - 404.

[40]　S. Roweis，L. Saul，Nonlinear dimensionality reduction by locally linear embedding，Science 290 (2000) 2323 - 2326.

[41]　S. Sasaki，Y. Iijima，K. Tanaka，M. Kato，M. Hashimoto，H. Mizutani，Y. Taki zawa，The moon：science，exploration and utilisation the SELENE mission：goals and status，Advances in Space Research 31 (11) (2003) 2335 - 2340，https：//doi. org/10. 1016/S0273 - 1177 (03) 00543 - X.

[42]　F. P. Seelos，S. L. Murchie，D. C. Humm，O. S. Barnouin，F. Morgan，H. W. Taylor，et al. ，CRISM Team，CRISM data processing and analysis products update — calibra90 tion，correction，and visualization，in：Lunar and Planetary Science Conference，2011，March，p. 1438.

[43]　D. M. Sherman，R. G. Burns，V. M. Burns，Spectral characteristics of the iron oxides with application to the Martian bright region mineralogy，Journal of Geophysical Research：Solid Earth 87 (B12) (1982) 10169 - 10180，https：//doi. org/10. 1029/JB087iB12p10169.

[44]　M. I. Staid，C. M. Pieters，S. Besse，J. Boardman，D. Dhingra，R. Green，et al. ，The mineralogy of late stage lunar volcanism as observed by the moon mineralogy mapper on Chandrayaan - 1，Journal of Geophysical Research：Planets 116 (E6) (2011)，https：//doi. org/10. 1029/2010JE003735.

[45]　J. M. Sunshine，C. M. Pieters，Determining the composition of olivine from reflectance spectroscopy，Journal of Geophysical Research：Planets 103 (E6) (1998) 13675 - 13688，https：// doi. org/10. 1029/98JE01217.

[46]　J. M. Sunshine，C. M. Pieters，S. F. Pratt，Deconvolution of mineral absorption bands：an improved approach，Journal of Geophysical Research：Solid Earth 95 (B5) (1990) 6955 - 6966，https：//doi. org/10. 1029/JB095iB05p06955.

[47]　K. G. Thaisen，J. W. Head，L. A. Taylor，G. Y. Kramer，P. Isaacson，J. Nettles，et al. ，Geology of the moscoviense basin，Journal of Geophysical Research：Planets 116 (E6) (2011)，https：// doi. org/10. 1029/2010JE003732.

[48]　J. W. Tukey，Exploratory Data Analysis，Addison - Wesley，1977.

[49]　L. van der Maaten，G. Hinton，Visualizing data using t - sne，Journal of Machine Learning Research 9 (2008) 2579 - 2605.

[50]　C. E. Viviano - Beck，F. P. Seelos，S. L. Murchie，E. G. Kahn，K. D. Seelos，H. W. Taylor，et al. ，Revised CRISM spectral parameters and summary products based on the currently detected mineral diversity on Mars，Journal of Geophysical Research：Planets 119 (6) (2014) 1403 - 1431，https：//doi. org/10. 1002/2014JE004627.

[51]　U. von Luxburg，A tutorial on spectral clustering，CoRR，arXiv：0711. 0189，2007.

[52]　Y. Wang，D. Veltkamp，B. Kowalski，Multivariate instrument standardization，Analytical Chemistry 63 (1991) 2750 - 2756，https：//doi. org/10. 1021/ac00023a016.

[53]　J. Whitten，J. W. Head，M. Staid，C. M. Pieters，J. Mustard，R. Clark，et al. ，Lunar mare deposits associated with the orientale impact basin：new insights into mineralogy，history，mode of emplacement，and relation to orientale basin evolution from moon mineralogy mapper (m3) data from Chandrayaan - 1，Journal of Geophysical Research：Planets 116 (E6) (2011)，https：// doi. org/10. 1029/2010JE003736.

[54]　S. Wold，K. Esbensen，P. Geladi，Principal component analysis，Chemometrics and Intelligent Laboratory Systems 2 (1987) 37 – 52.

[55]　S. Yamamoto，T. Matsunaga，Y. Ogawa，R. Nakamura，Y. Yokota，M. Ohtake，et al.，Preflight and in – flight calibration of the spectral profiler on board SELENE (Kaguya)，IEEE Transactions on Geoscience and Remote Sensing 49 (11) (2011，Nov) 4660 – 4676，https：// doi. org/10. 1109/TGRS. 2011. 2144990.

[56]　S. Yamamoto，T. Matsunaga，Y. Ogawa，R. Nakamura，Y. Yokota，M. Ohtake，et al.，Calibration of NIR 2 of spectral profiler onboard Kaguya/SELENE，IEEE Transactions on Geoscience and Remote Sensing 52 (11) (2014，Nov) 6882 – 6898，https：//doi. org/10. 1109/ TGRS. 2014. 2304581.

[57]　R. W. Zurek，S. E. Smrekar，An overview of the Mars reconnaissance orbiter (MRO) science mission，Journal of Geophysical Research：Planets 112 (E5) (2007)，https：//doi. org/ 10. 1029/2006JE002701.

第 5 章 教程：如何访问、处理和标记用于机器学习的 PDS 图像数据

Steven Lu，Kiri L. Wagstaff Rafael Alanis，Gary Doran，Kevin Grimes，and Jordan Padams
加利福尼亚理工学院喷气推进实验室，帕萨迪纳，加利福尼亚州，美国

5.1 简介

机器学习方法被广泛应用于遗传学[1]、材料科学[2]，甚至作物产量预测和其他农业应用[3]领域中，在实现图像分析与解决分类问题方面取得了很多新进展。除了这些在地球上的应用以外，人们对将机器学习方法用于在行星和天体上收集图像从而支持空间探索也越来越感兴趣。然而，知道在哪里以及如何访问这些图像不是一件容易的事，因为它们通常以机器学习领域不熟悉的格式进行数据存储。本教程旨在推动利用超过 700 TB（并且还在增长）的 NASA 行星科学图像来开展机器学习。

NASA 行星科学任务收集的图像由行星数据系统（PDS）中的制图与成像科学学科节点（即成像节点）进行策划管理。目前包括超过 3 400 万个产品，覆盖 22 项任务，目标包括月球、火星、水星、木星、土星、金星等。图 5-1 中展示了一些示例图像。

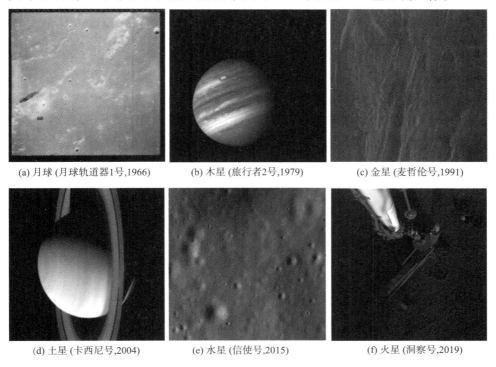

(a) 月球 (月球轨道器1号,1966) (b) 木星 (旅行者2号,1979) (c) 金星 (麦哲伦号,1991)

(d) 土星 (卡西尼号,2004) (e) 水星 (信使号,2015) (f) 火星 (洞察号,2019)

图 5-1 由 PDS 成像节点策划的示例图像（时间跨度超过 50 年）

PDS 提供数据检索及检索工具，协助用户查找和下载感兴趣的图像产品。同时，还有若干选项可将图像产品预处理为可由机器学习系统直接使用的图像格式。本章将介绍这些工具以及如何使用它们的分步示例。为了训练机器学习分类器，通常需要获得图像中感兴趣的概念或特征的标签。这并不是行星科学图像面临的特有的挑战，但为了实现完整性，本章还收录了形成标签过程的建议和意见。最后，我们介绍了一个现有项目，该项目以 PDS 图像数据为例进行了端到端机器学习研究。

5.2　访问 PDS 数据产品

本节介绍由 PDS 成像节点提供的用于浏览、搜索和下载行星任务图像数据的工具。PDS Image Atlas[①] 提供了一个可视化浏览器，允许用户通过应用基于图像元数据和/或内容的过滤器来瞄准感兴趣的数据。PDS 数据门户[②] 可实现对数据归档目录的直接访问。PDS 还提供了一个名为 PDS Tool Registry[③] 的在线接口，该接口支持搜索和发现用于处理符合 PDS 标准数据的工具、服务和 API，工具提供商还可以提交新软件，将其纳入注册表，供他人使用。

在更高的层次上，PDS 关键字搜索提供了搜索和访问整个 PDS 所有行星数据集的能力，而不仅仅是成像节点。这些数据集包括来自大气、地球科学、粒子和场以及无线电科学等学科的观测数据。读者可浏览 https：//pds. nasa. gov/datasearch/keyword - search/网页，了解更多信息。

5.2.1　PDS 成像图集

PDS 成像图集为用户查找感兴趣的数据提供了独特的功能，允许用户根据产品元数据（例如目标、照明、年份时间）和内容（例如包含陨石坑）指定过滤器，快速缩小搜索范围，继而下载选定的数据产品。

图 5 - 2（a）是 PDS 成像图集的首页，页面顶部的搜索框提供图像元数据的全文搜索，右上方则显示了图像产品的总数（截至 2019 年 10 月数量为 34185087），分页允许用户分批浏览图像。默认情况下，按照时间倒序显示，但这也可以由用户进行设置。在这张截图中，最新的图像来自火星"洞察"任务。

用户可以使用左侧面板应用过滤器来减少图像结果的数量。例如，要使用 MastCam 仪器从包含钻孔的指定时间范围获取由火星科学实验室漫游车收集的图像，请遵循以下步骤，使用相关元数据和基于内容的过滤器。

- 在 https：/ PDS - imaging. jpl. nasa. gov/search 上导航至 PDS 图像图集。
- 应用基于元数据的过滤器：

---

① PDS Image Atlas：https：//pds - imaging. jpl. nasa. gov/search.
② PDS Data Portal：https：//pds - imaging. jpl. nasa. gov/portal.
③ PDS Tool Registry：https：//pds. nasa. gov/tools/tool - registry

－在"任务"（Mission）选项卡中，选择"火星科学实验室（mars science laboratory）"。

－在"仪器"（Instrument）选项卡中，选择"mastcam"。

－在"目标"（Target）选项卡中，选择"火星（mars）"。

－在"产品类型"（Product Type）选项卡中，选择"edr"实验数据记录[④]（Experiment Data Record）。

－在"着陆任务限制"（Landed Mission Constraints）选项卡中，在"行星日数字"（Planet Day Number）字段中键入 965 和 1158，点击回车。

•应用基于内容的过滤器：

－在"MSL 图像内容"（MSL Image Content）选项卡中，选择"钻孔"（drill holes）。

－在"MSL 图像内容"选项卡，在"置信度"（Confidence Level）字段中键入 0.99 和 1.0，然后点击回车。

结果如图 5-2（b）所示。3400 万张图像被缩小为 4 张。相关滤镜显示在页面左上方，可以根据需要选择性移除，扩大搜索范围。

想要下载搜索结果中的图片，可按照以下步骤操作。

•点击"选择所有图片：查询中"（Select All Images：In Query）复选框。

•在"批量文件下载"（Bulk File Download）选项卡中，点击"开始下载"（Begin Download）按钮。

•执行下载脚本，开始检索数据产品。

Atlas 由 Apache Solr[⑤] 提供支持，这是一个构建在 Apache Lucene[⑥] 上的开源搜索平台。当用户与 Web 界面交互时，查询被发送到 Solr 后端，从而更新界面结果。

用户和开发人员可以选择直接与 Solr 应用程序编程接口（"API"）进行交互，无需通过 Atlas 的 Web 界面。这使用户能够进行无法通过 Web 界面进行的自定义查询。此外，开发人员还可以通过向其发出 HTTP 请求来使用其应用程序中的 API。API 文档[⑦]可以在网上获取。

5.2.2　PDS 成像节点数据门户

PDS 成像节点数据门户为飞行任务和其他数据提供者通过 PDS 成像节点发布的所有行星科学图像数据集提供入口。它允许用户轻松浏览不同的数据卷并连接到后端数据服务。例如，要使用 PDS 成像节点数据门户下载火星勘测轨道飞行器的 HiRISE 仪器收集的图像的步骤如下。

•浏览数据门户网站 https：/ pds-imaging. jpl. nasa. gov/portal/（图 5-3）。向下滚动网页，找到"火星侦察轨道器"（Mars Reconnaissance Orbiter），然后点击右边的"在

---

④　全仪器分辨率中的原始数据

⑤　Apache Solr：https：//lucene. apache. org/solr.

⑥　Apache Lucene：https：//lucene. apache. org.

⑦　PDS Image Atlas API：https：//pds-imaging. jpl. nasa. gov/tools/atlas/api/.

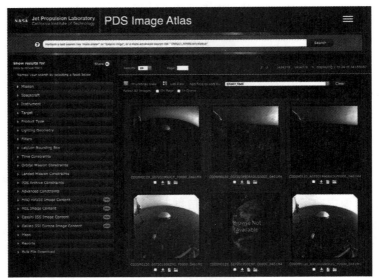

(a) PDS图像图集首页

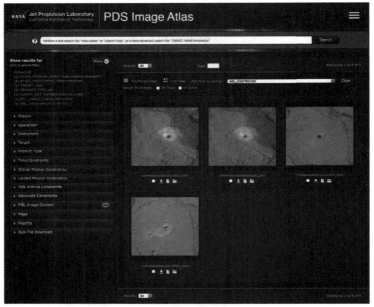

(b) PDS图集示例（请注意，由于新的图像会不断地传送到PDS，搜索结果可能会有所不同）

图 5-2　PDS 成像图集

线数据卷"（Online Data Volumes）。

　　·点击"火星任务：高分辨率成像科学实验（HiRISE）"（Mission to Mars：High Resolution Imaging Science Experiment）部分第一排文本"卷 1（累积）"Volume 1（accumulating）旁边的暗红色服务器图标。然后，您将被重新定向到后端数据服务。

· 导航到/EXTRAS/RDR/ESP/ORB ＿ 061200 ＿ 061299/ESP ＿ 061200 ＿ 1790/文件夹⑧，其中包含来自轨道 61 200 的图像。

· 在这里，用户可以选择自己喜欢的工具下载数据产品。单个图像可以通过点击其文件名来查看。wget 命令⑨可以用来从这个目录下载所有 JPG 产品：

wget－nd－r－P ．/－A jpg https：//hirise－pds. lpl. arizona. edu/PDS/EXTRAS/RDR/ESP/ORB ＿ 06120

0 ＿ 061299/ESP ＿ 061200 ＿ 1790/注意，执行时 URL 应全部在一行上。

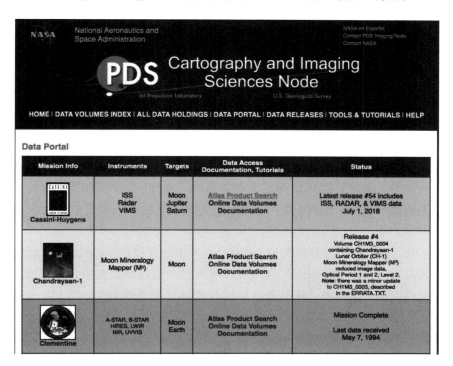

图 5 - 3　PDS 数据门户首页

5.3　对 PDS 数据产品进行标准图像格式预处理

PDS 图像数据以不同的格式存在，由生成数据的任务选择。本节重点介绍将 PDS 图像数据转换为标准（8 位）图像格式的方法，以便通过机器学习方法进行查看和后续分析。

---

⑧　数据产品的目录结构因任务和仪器而异。请参阅 AREADME. txt 文件，了解每种仪器所选数据目录结构的描述。

⑨　https：//www. gnu. org/software/wget/.

5.3.1　PDS 图像数据产品

　　一般说来，每个 PDS 图像产品由数据文件及其关联元数据组成。该元数据包括收集数据的环境信息，比如当地时间、成像目标、光照等。在 PDS 文献中，这一信息通常被称为"标签"。为了将该信息与机器学习上下文中使用"标签"的方式区分开来，我们将 PDS 数据标签称为"元数据"。

　　几十年来，PDS 要求行星任务使用 PDS3 标准[4]来描述数据（和元数据）应该如何通过结构化存档。图像数据通常以阵列或光栅形式存储，如 VICAR[5]、PDS 或 FITS[6]格式。许多其他类型的数据，如光谱立方体、表格和文本也被存档。PDS3 元数据存储在对象描述语言（Object Description Language，ODL）中，使用可被人类和机器读取的键值对。图像数据和元数据可以合并到单个文件中［称为"附属（attached）"］，也可以相互保持独立，但位于同一位置［即"分离"（detached）］，数据和元数据具有相同的基本名称。不过，元数据文件的扩展名是".LBL"。

　　2010 年，PDS 增加了对 PDS4 标准的支持[7]，该标准以 XML 格式存储元数据，简化了验证过程（例如，检查所需的值是否存在，值是否落入有效范围，遵守 XML 格式化标准等）和软件解析。图像数据存储为二维像素阵列。如 PDS4 XML 元数据标签所述，跨越多个波长的图像（包括 RGB 图像）可以存储在单个文件中，也可以存储在多个文件中（每个波长一个）。

　　在 PDS4 中，图像数据的存储类似于 PDS3，其中经常使用 Vicar、PDS 和 FITS 格式。对于这些格式以及 PDS3 中使用的其他不常用格式更详细的细微差别，有更加完善及文档化的限制。此外，在 PDS4 中，数据产品的元数据必须出现在附带的 XML 文件中（"分离"）。有关 PDS4 数据格式的更多详细信息以及与该标准相关的所有其他信息，请参见 PDS4 数据供应商手册[8]和 PDS4 标准参考[7]。第一个以 PDS4 格式向 PDS 传送图像数据的任务是火星"洞察号"着陆器。

5.3.2　PDS 浏览图像

　　许多 PDS 数据集合提供图像产品的"浏览"（Browse）版本（通常为 JPG 或 PNG 格式），可快速预览内容。浏览图像不是科学质量的产品，它们采用有损压缩、自动对比度拉伸以及位深度减小的方式呈现。但是，它们对于快速评估非常有用。重要的是阅读任务仪器文档，从而了解用于生成浏览图像的处理步骤，并确定它们是否会影响计划的分析。图 5-4 显示了 HiRISE 图像产品 ESP_061684_1845 的"浏览"与"JPEG 2000（JP2）"版本之间的差异⑩。显然，"洞察号"着陆器仅在图 5-4（b）中可见，其中黑点是两个圆形太阳能电池板，亮点是地震检波器。

---

　　⑩　https：//www.uahirise.org/ESP_061684_1845。

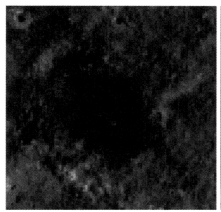
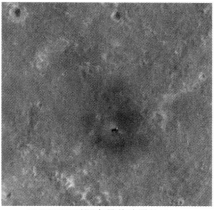

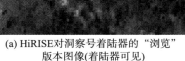

(a) HiRISE对洞察号着陆器的"浏览"
版本图像(着陆器可见)

(b) HiRISE对洞察号着陆器的JP2
版本图像(着陆器可见)

图 5 - 4　HiRISE 产品 ESP_061684_1845 的"浏览"和"JP2"版本（洞察号着陆器仅在 JP2
产品的右侧可见，靠近中心的亮点是地震检波器）

5.3.3　转换 PDS 图像数据产品

为了获得最高质量的结果，最好的策略是直接访问 PDS 图像产品，并将其转换为所需的格式。这样就可以使用数据的最高分辨率（空间和光谱）版本，并控制所应用的任何预处理。

虽然用于 PDS 图像数据的图像格式很简单，但在流行和常用的机器学习包（例如 Python 的 Numpy，Scikit - learn）中缺乏直接的阅读器，这带来了一个挑战。NASA 任务数据不以更常见的 8 位图像格式（如 GIF、JPG 和 PNG）进行本机存储，其原因是，数据通常是在更高的位深度（12、16 或 32 位）收集的，因此需要不同的格式。在这里，我们介绍可以将 PDS 转换为常用图像格式的工具，并承认可能会丢失一些细节。

•PDS 转换工具是一个基于 java 的命令行软件工具，用于将 PDS3 和 PDS4 产品转换为其他常见格式（JPG、PNG、TIF 等）。例如，要转换火星科学实验室图像产品（NRB_606845760RASLF0750750NCAM00592M1，IMG[11]），可以使用随附的 PDS3 元数据标签（NRB_606845760RASLF0750750NCAM00592M1，LBL[12]），将 PDS3 VICAR 格式转换为 PNG 格式。下执行面的命令行将生成一个 PNG 文件（注意：该软件目前需要 IMG 和 LBL 文件驻留在执行该软件的文件系统上）：

Transform - t NRB_606845760RASLF0750750NCAM00592M1. LBL

- o NRB_606845760RASLF0750750NCAM00592M1 - f png

---

⑪　https：//pds - imaging. jpl. nasa. gov/data/msl/MSLNAV_1XXX/DATA /SOL02358/NRB_606845760RASLF0750750NCAM00592M1. IMG.

⑫　https：//pds - imaging. jpl. nasa. gov/data/msl/MSLNAV_1XXX/DATA/SOL02358/NRB_606845760RASLF0750750NCAM00592M1. LBL.

　　可以使用类似的代码将 PDS4 VICAR 格式的图像转换为 PNG 格式，方法是提供
. xml 作为输入来代替 . LBL。有关该工具的安装和操作的更多信息，或者想成为该软件的
贡献者，请访问 https：//nasa‐pdsincubator. github. io/transform/。

　　• IMG2PNG 是一个实用工具，可以将 IMG、VICAR 和 FITS 格式的图像转换为
PNG 格式。它只在 Windows 平台上可用。该工具可用的安装说明和参数可以在 http：//
bjj. mmedia. is/utils/img2png/上找到。

　　• PDSView 是一个原生的 Python 应用程序，用于可视化 PDS3 和 PDS4 数据产品。
它可以用来查看元数据和图像内容，也可以将 PDS 数据转换和保存为 PNG 等格式。预构
建的安装程序可用于各种版本的 Windows、Macintosh 和 Linux 平台。要了解更多信息、
下载软件或成为贡献者，请访问 https：/ github. com/ nasa‐pds‐incubator /pds‐view。
图 5‐5（a）为 PDSView 的截图和洞察号着陆器采集的图像。

　　• NASAView 是一个在 GUI 环境下运行于多个平台（Solaris，Linux，Windows，
Macintosh）中的 PDS 存档产品显示程序。该工具能够读取 IMG 格式图像、显示图像，并
将其导出为 GIF 和 JPG 格式。安装包和详细信息请访问 https：//pds. nasa. gov/ tools/
about/pds3‐tools/nasa‐view. shtml。图 5‐5（b）为火星科学实验室火星车采集的
NASAView 图像截图。这是一种多波长观测，使用灰度中的单个波段进行可视化。

　　• USGS ISIS（成像仪和光谱仪集成软件）是一种功能强大的图像处理软件包，不仅
可以读取 PDS 数据，还可以对图像进行校准、重投影和其他操作。该软件的重点是处理
NASA 当前和过去向火星、木星、土星和其他太阳系天体发送的行星任务收集的图像。
pds2isis 和 fits2isis 程序可以分别将 PDS3 和 FITS 格式的图像读取为 ISIS 格式，然后
isis2std 可以将数据转换为 BMP、JPG、JP2、PNG 或 TIF 格式。更多信息请访问
https：//isis. astrogeology. usgs. gov/。

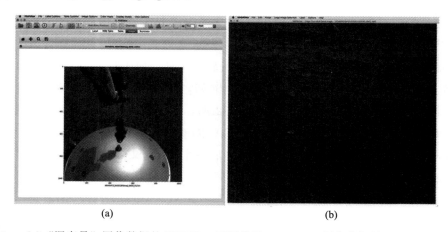

(a)　　　　　　　　　　　　　　　　(b)

图 5‐5　（a）"洞察号"图像数据的 PDSView 可视化及（b）MSL 图像数据的 NASAView 可视化

5.4　标记图像数据

一旦 PDS 图像数据已被转换成标准图像格式（例如 PNG 或 JPG），就可以对其进行标记，以提供用于训练和评估监督机器学习模型的基础。在本节中，我们提供了一些操作建议以及已标记并可供使用的现有 PDS 图像数据集示例。

图像标记任务通常包括三类：整幅图像标记、边界框（矩形子区域）标记和多边形（复杂区域）标记，示例如图 5 - 6 所示。整幅图像标记要求标签创建器为整个图像指定一个类或类别。边界框标记需要识别感兴趣的区域（边界框），然后分配相关的类。多边形标记使用更复杂的形状来识别感兴趣的区域，这些区域通常通过单击定义多边形的外部点来绘制，然后进行类分配。

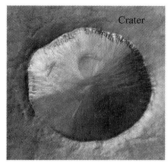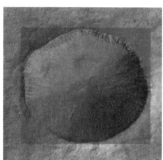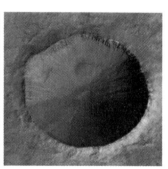

(a) 整幅图像标记　　　　　　(b) 边界框标记　　　　　　(c) 多边形标记

图 5 - 6　标记任务示意图

不同的标签策略有助于实现不同的分类目标。例如，如果我们想要训练分类器来确定火星图像是否包含陨石坑，我们只需要执行整幅图像标记；如果我们想要训练分类器标记陨石坑的精确位置，我们将需要执行多边形标记。本教程将重点介绍示例中的整幅图像标记。

5.4.1　公开可用的标记图像数据集

一些 PDS 图像数据已经被处理、转换和标记，以用于机器学习研究。例如，火星轨道图像、火星表面图像以及行星体分支和羽流数据集。

火星轨道图像（HiRISE）数据集（版本 3）[9] 包含从 HiRISE（轨道）地图投影浏览图像剪裁的"地标"图像。在视觉上，地标是显著的表面特征，如陨石坑、沙丘和暗坡条纹。数据集包含 73 031 个地标图像，这些图像是通过从 180 个 HiRISE 地图投影浏览图像中检测 10 433 个地标图像并执行增强（旋转、翻转和亮度调整），获得了额外的 62 598 幅地标图像[9]。这是一个包含 8 种类别的全图像标记数据集：陨石坑、暗沙丘、斜坡条纹、亮沙丘、撞击喷出物、瑞士奶酪、蜘蛛和其他（不包括在任何其他类别中的表面特征）。示例如图 5 - 7 所示。

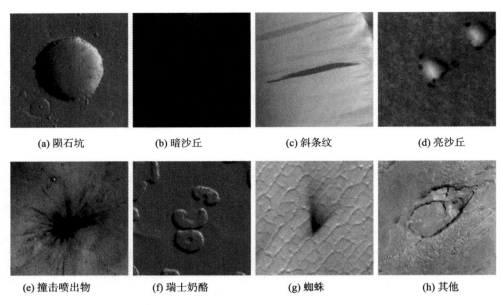

(a) 陨石坑　　　　　(b) 暗沙丘　　　　　(c) 斜条纹　　　　　(d) 亮沙丘

(e) 撞击喷出物　　　(f) 瑞士奶酪　　　　(g) 蜘蛛　　　　　　(h) 其他

图 5-7　火星轨道图像（HiRISE）数据集示例（版本 3）

　　火星表面图像（好奇号火星车）数据集[10]由火星科学实验室（MSL 或好奇号）火星车通过三种仪器［MastCam 右眼、MastCam 左眼和火星手持透镜成像仪 Mahli］收集的 24 类 6691 张图像组成。示例如图 5-8 所示。这些图像（与 HiRISE Landmarks 数据集一样）是每个原始数据产品的"浏览"版本，而不是全分辨率图像。每张图像的像素约为 256×256。如果需要，可以从 https：//PDS-imaging. JPL. NASA. gov/search/上的 PDS 图像图集获得全尺寸图像。类标签可以直接映射到全尺寸产品。

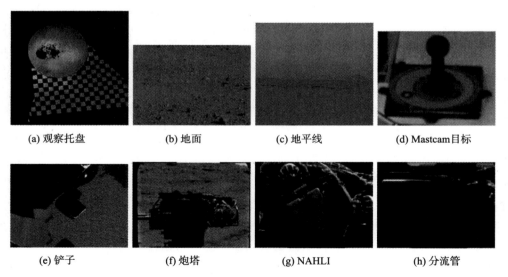

(a) 观察托盘　　　　(b) 地面　　　　　　(c) 地平线　　　　(d) Mastcam目标

(e) 铲子　　　　　　(f) 炮塔　　　　　　(g) NAHLI　　　　　(h) 分流管

图 5-8　火星表面图像（好奇号火星车）数据集的示例（版本 1）

为了实现重现性，建议将数据分为训练数据集、验证数据集和测试数据集。这些图像根据其采集的 SOL（火星日）进行分割，范围从 MSL SOL 3 到 1060（2012 年 8 月到 2015 年 7 月）。按时间顺序划分的图像被用来模拟系统将如何操作，图像档案将随着时间的推移而增长。Wagstaff 等人[11]报告了使用卷积神经网络和其他方法在该数据集上取得的结果。

编制行星体边缘和羽流数据集[12]是为了帮助评估自动检测图像中行星体和边缘（明显边缘）的方法。该数据集包含 308 张 NASA 行星和卫星图像的手动生成标签。标签注释了行星边缘位置及行星体发出的任何羽状物（如果有的话）。本文中的"羽流"指的是从天体发出的明亮物质，如土卫二的冰羽或木卫一的火山羽流。每幅图像都被标记为是否有羽流，308 个标记图像中的 112 个包含羽状物，如图 5-9 所示。

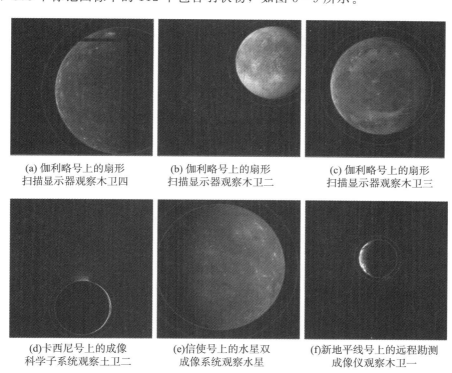

(a) 伽利略号上的扇形
扫描显示器观察木卫四

(b) 伽利略号上的扇形
扫描显示器观察木卫二

(c) 伽利略号上的扇形
扫描显示器观察木卫三

(d)卡西尼号上的成像
科学子系统观察土卫二

(e)信使号上的水星双
成像系统观察水星

(f)新地平线号上的远程勘测
成像仪观察木卫一

图 5-9　行星体边缘和羽流数据集的示例［行星体边缘显示为红色，环（可能出现羽流的延伸区域）为蓝色；如果存在羽状物，在环内以青色阴影表示（d, f）］（见彩插）

5.4.2　用于标记图像数据的工具

有许多选项可用于创建新的标记图像数据集。标记大量图像可能既费力又耗时，而在行星科学中标记图像可能需要高技能领域专家的判断（例如，识别火星车图像中不同类型的岩石或识别好奇号火星车的不同部分）。标记大型数据集通常需要大量时间，远超单个科学家所能提供的时间上限，因此通常将标记工作分配给多人（众包）。例如，ImageNet 数据集的创建者使用 Amazon Mechanical Turk 将 120 万张图像分发给数千个用户，以标记为 1 000 种类别[13]。为了确保标签的可靠性，他们为每个图像收集了至少十个标签，并使用最常选择的类别作为最终的图像标签。在处理非专家可能不太熟悉的行星科学图像时，与科学家合作定义标记任务并提供详细的培训文档以提高标记的一致性和准确性至关重要。

目前，有几种工具和服务可以为获取众包图像标签提供支持。这里我们重点介绍一些满足不同项目需求的例子。

Zooniverse（https：//www. zooniverse. org）是一个免费的网络平台，支持公民科学项目众包标签。Zooniverse 以各种方式为标签数据提供可定制的用户界面，还建立了研究人员和公民科学家之间的沟通渠道。Zooniverse 不提供接受或拒绝个人贡献（标签）的自动化功能。

Amazon Mechanical Turk（AMT，https：//www. mturk. com/）提供按需、可扩展的人力资源，以完成包括图像标记在内的多种任务。AMT 提供了一个市场，在这个市场中，请求者为每个工作单元（例如要标记的每个图像）设置支付，工作人员可以选择他们想要完成并支付的任务。AMT 提供了帮助选择优秀员工的工具，员工的表现通过之前在其他任务中的工作进行评估。

Yandex. Toloka（https：//toloka. yandex. com/）是一个付费网络平台，用于收集和处理大量使用众包的数据。Yandex. Toloka 与 AMT 的相似之处在于，它也为工作提供了市场。Yandex. Toloka 提供全面的工具和可定制的模板来设计标签任务，并根据员工过去的表现和技能来选择或筛选员工。

LabelBox（https：//labelbox. com/）是一家为标签任务提供解决方案的公司，致力于解决计算机视觉相关问题。LabelBox 为商业用途提供付费支持，教育机构和非商业组织可以免费使用。LabelBox 有一个图形用户界面平台，带有内置和可自定义的 HTML/JavaScript 模板，从而支持各种标签任务。此外，LabelBox 还提供了一个可扩展的 Python API，以进一步帮助用户创建定制的标签工作流程。LabelBox 通过将标签任务与提供标签劳动力的第三方注册公司连接起来提供外包标签功能。

用于机器学习系统的交互式数据分析与审查器（Interactive Data Analyzer and Reviewer，IDAR，https：//github. com/stevenlujpl/IDAR）是一个开源工具，它为标记和细化图像数据集过程中的各种任务提供了高度可定制接口。这些工具包括类发现工具（Class Discovery Tool）、图像标记工具（Image Labeling Tool）、模糊标签分析器（Ambiguous Label Analyzer）和分类错误分析器（Classification Error Analyzer），这些工具使用 Python 和 JavaScript。Python 已经被证明对于数据分析任务十分有效，而 JavaScript 的设计是为了支持基于浏览器应用程序的交互操作。使用可定制的 Python 脚本和模板文件生成带有相关资源（Javascript、CSS 和图像）的静态 HTML 页面，以显示基于浏览器的用户界面。静态页面可以通过电子邮件或文件交换与合作者共享，而不需要设置 web 服务器。研究人员的分析结果使用 HTML5 Storage API 保存在浏览器中，并且可以导出，作为 CSV 文件共享。

5.5　PDS 图像分类器示例结果

一旦获得了标记数据并验证了其质量，我们就可以开始构建机器学习模型。在本节中，我们将展示一个深度学习模型的示例，该模型使用 5.4 节中描述的公开可用的火星轨道图像（HiRISE）数据集（第 3 版）进行训练和评估。2018 年初，人们将训练后的模型应用于完整的 HiRISE 档案，以实现 PDS 图像图谱基于内容的图像搜索功能。它也适用于新的 HiRISE 图像，因为它们被传送到 PDS。我们将该模型称为 HiRISENet 模型，因为它使用 HiRISE 图像进行训练和评估。

5.5.1　训练集、验证集和测试集

将 HiRISE 地标图像分为训练集、验证集和测试集，同时确保从同一 HiRISE 源图像中剪裁的所有地标保持在同一位置。这降低了训练集、验证集和测试集之间的相关性。如上所述，通过应用增强来增加数据集的大小。得到的训练集包含 46 970 张图像，验证集包含 13 391 张图像。从测试集中排除增强图像，可以与增强之前获得的结果进行比较，它包含 1 810 张图像。

5.5.2　模型微调

我们利用迁移学习来调整现有的卷积神经网络，使其能够对 HiRISE 图像进行分类。原始网络 CaffeNet[14] 使用来自 ImageNet[15] 数据库的 120 万张图像（跨越 1 000 个类）进行预训练。为了获得 HiRISeNet 模型，我们在 HiRISE 训练和验证图像上对该模型进行了额外的 16 000 次迭代训练，以适应（"微调"）该模型在该领域的使用。微调过程包括降低底层学习速度，专注于使顶层（输出层）适应新的类（这里是 8 个类而不是 1 000 个类）。通过仅允许对底层的最小改变（学习），我们能够利用网络已经学习的基本图像特征提取（过滤器），这可以推广到 HiRISE 图像。这使我们能够训练一个只有数万个示例的模型，而不是需要数百万个示例。具体而言，我们使用 0.000 1 的基本学习率，批量大小为 10，层 1 至层 7 的学习率乘数为 1，最终（输出）层的学习率乘数为 10。在探索了几个值之后，我们发现这些参数设置能够实现最佳的泛化性能。图 5 - 10 显示了当使用每个分类的后验概率（置信度）来过滤低置信度预测时模型的性能。最左边的点显示了未过滤示例时的性能（92％用于验证，90％用于测试）。带圆圈的值表示丢弃置信度小于 0.9 的预测时实现的性能（验证为 96％，测试为 94％）。

5.5.3　模型校准与性能

现代卷积神经网络的校准通常很差，这意味着其自我报告的后验概率不能可靠地反映经验概率[16]。为了提高后验概率的可靠性，我们探索了各种模型校准方法，并发现对于该数据集最有效的方法是温度定标[16]，该方法估计了一个标度参数（"温度"），以在将

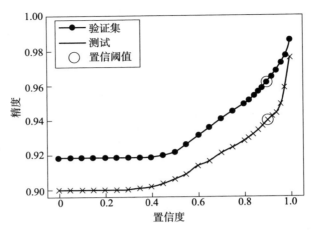

图 5 - 10　HiRISENet 过滤性能：仅包含后验概率（置信度）大于或等于给定阈值的情况
（该阈值由用户指定，圆圈表示置信阈值为 0.9 的性能）

其转换为概率之前调整神经网络的对数。HiRISeNet 模型在温度定标方法之前和之后的可靠性如图 5 - 11 所示。在应用温度定标方法之后，期望校准误差（ECE，跨概率仓的平均加权误差）和最大校准误差（MCE，跨概率仓的最大误差）得到改善（即降低）。

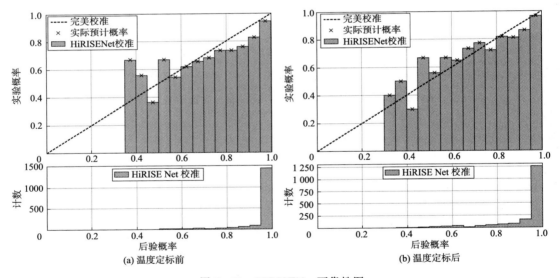

图 5 - 11　HiRISENet 可靠性图

5.5.4　访问 HiRISeNet 分类结果

　　当 HiRISeNet 被微调和评估后，它就被用来对 HiRISE 浏览图像的整个存档进行预测。将后验概率至少为 0.9 的分类结果部署在 PDS 图像图谱上。以下步骤显示了如何访问模型预测包含陨石坑的 HiRISE 图像。

　　· 在 https：/ PDS - imaging. jpl. nasa. gov/search 上导航到 PDS 图像图集。

· 在"MRO HiRISE 图像内容"（MRO HiRISE. Image Content）选项卡中，选择"陨石坑"（crater）。

· 点击右侧的图片进行放大。陨石坑边界框显示为叠加红色框架。

5.6 总结

在本章中，我们介绍了用于访问、预处理和标记 PDS 图像数据产品的工具和服务，还展示了一个使用公开可用的火星轨道图像 v3 数据集构建高性能 CNN 图像分类器的示例。该分类器部署在 PDS 图像图集上，支持基于内容的图像搜索。

致谢

这项工作中的图像来自 PDS 制图与成像科学节点。根据 NASA 的合同，这项研究在加利福尼亚理工学院喷气推进实验室进行。版权为 2019 加利福尼亚理工学院所有。感谢美国政府赞助。

参 考 文 献

[1] M. W. Libbrecht, W. S. Noble, Machine learning applications in genetics and genomics, Nature Reviews Genetics 16 (2015) 321 – 332.

[2] K. T. Butler, D. W. Davies, H. Cartwright, O. Isayev, A. Walsh, Machine learning for molecular and materials science, Nature 559 (2018) 547 – 555.

[3] K. G. Liakos, P. Busato, D. Moshou, S. Pearson, D. Bochtis, Machine learning in agriculture: a review, Sensors 18 (2018) .

[4] PDS3 standards reference version 3. 8, https: //pds/datastandards/pds3/standards/sr/StdRef _ 20090227 _ v3. 8. pdf, 2009. (Accessed 4 October 2019).

[5] R. G. Deen, The VICAR file format, https: //www – mipl. jpl. nasa. gov/external/VICAR _ file _ fmt. pdf, 1992. (Accessed 4 October 2019).

[6] Definition of Flexible Image Transport System (FITS), https: //www – mipl. jpl. nasa. gov/ external/VICAR _ file _ fmt. pdf, 2018. (Accessed 4 October 2019).

[7] PDS4 standards reference version 1. 12. 0, https: //pds. nasa. gov/datastandards/documents/sr/v1/ StdRef _ 1. 12. 0. pdf, 2019. (Accessed 4 October 2019).

[8] The PDS4 data provider's handbook version 1. 12. 0, https: //pds. nasa. gov/datastandards/documents/ dph/v1/PDS4 _ DataProvidersHandbook _ 1. 12. 0. pdf, 2019. (Accessed 4 October 2019).

[9] G. Doran, S. Lu, L. Mandrake, K. Wagstaff, Mars orbital image (HiRISE) labeled data set version 3, https: //doi. org/10. 5281/zenodo. 2538136, 2019.

[10] A. Stanboli, K. Wagstaff, Mars surface image (curiosity rover) labeled data set, https: //doi. org/ 10. 5281/zenodo. 1049137, 2017.

[11] K. L. Wagstaff, Y. Lu, A. Stanboli, K. Grimes, T. Gowda, J. Padams, Deep Mars: CNN classification of Mars imagery for the PDS Imaging Atlas, in: Proceedings of the Thirtieth Annual Conference on Innovative Applications of Artificial Intelligence, 2018, pp. 7867 – 7872.

[12] M. Cameron, G. Doran, K. Wagstaff, Planetary body limb and plume labels for NASA images, https: //doi. org/10. 5281/zenodo. 2556063, 2019.

[13] O. Russakovsky, J. Deng, H. Su, J. Krause, S. Satheesh, S. Ma, Z. Huang, A. Karpathy, A. Khosla, M. Bernstein, A. C. Berg, L. Fei – Fei, ImageNet large scale visual recognition challenge, International Journal of Computer Vision 115 (2015) 211 – 252.

[14] Y. Jia, E. Shelhamer, J. Donahue, S. Karayev, J. Long, R. Girshick, S. Guadarrama, T. Darrell, Caffe: convolutional architecture for fast feature embedding, arXiv preprint, arXiv: 1408. 5093, 2014.

[15] J. Deng, W. Dong, R. Socher, L. – J. Li, K. Li, L. Fei – Fei, ImageNet: a large – scale hierarchical image database, in: CVPR09, 2009.

[16] C. Guo, G. Pleiss, Y. Sun, K. Q. Weinberger, On calibration of modern neural networks, in: Proceedings of the 34th International Conference on Machine Learning, 2017, pp. 1321 – 1330.

第6章　通过学习特定模式回归模型进行行星图像补绘

Hiya Roy[a]，Subhajit Chaudhury[b]，Toshihiko Yamasaki[b]，and Tatsuaki Hashimoto[a]

[a]东京大学电气工程与信息系统系，东京，日本

[b]东京大学信息与通信工程系，东京，日本

6.1　简介

在计算机视觉中，填补图像中缺失像素的任务被称为图像补绘。解决图像补绘任务的主要挑战是如何合成缺失的像素，使其与原始像素相比，在人眼看来具有视觉逼真和连贯的效果。图像补绘在照片或视频编辑中可以有几种应用，例如图像拼接[1]、场景补全[2]等。本节尝试解决火星轨道图像领域的图像补绘问题。

在探索和了解行星体的过程中，多年来已经进行了数次前往月球、火星和太阳系其他行星体的任务。这些任务中的机载成像相机、光谱仪和其他仪器为我们提供了大量的行星轨道图像和其他关键信息，这些信息可以揭示关于行星或行星体的有趣信息。随着成像技术的进步，目前的星载相机可以提供非常高分辨率的行星图像。然而，为了获得这些高分辨率的图像，轨道卫星上机载相机的测绘带宽被保持在较低的水平，这反过来又会在月球或火星的图像上造成不连续或黑色缺失像素区域，我们称之为"伪影"。图6-1显示了产生这种伪影的一个可能原因的示意图以及放大和缩小的月球表面快照。此外，这种伪影不仅存在于月球表面，而且也存在于 MRO 捕获的火星轨道图像上。火星轨道图像上的这种伪影的一个例子如图6-2所示。

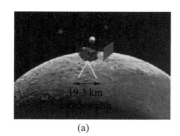 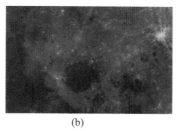 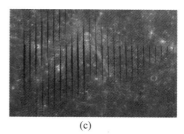

(a)　　　　　　　　　(b)　　　　　　　　　(c)

图6-1　（a）艺术家对伪影背后原因的构想。从理论上讲，这些伪影是由于轨道卫星上的机载摄像机为了获得高分辨率图像而保持较低的带宽造成的。KAGUYA 主轨道飞行器的这一在轨道上配置的图像取自[3]（b）放大和（c）缩小的月球轨道图像上的伪影快照，由 KAGUYA 任务的 Selene 航天器[4]获得

本节主要对火星勘测轨道飞行器上的高分辨率成像科学实验（HiRISE）相机拍摄的火星轨道图像进行复原。我们的目标是以上下文感知的方式智能地预测丢失的像素（如图6-3），以获得整个轨道图像。然而，值得注意的是，并不是在恢复真实的像素值，而

图 6-2　火星轨道图像上的伪影示例

是基于数据驱动方法来预测像素值。

在完成这个任务时，我们面临两个问题：输入图像中直方图分布的渐变（不同模式）和位于图像末端（右/左/上/下的任何角落）的缺失像素。我们通过对具有相似强度分布的图像进行聚类，训练在恢复具有该特定强度分布的图像中的丢失像素方面具有专长的回归模型来解决第一个问题。我们的直觉是，与仅在平均强度分布[5]上训练的一个编码器相比，特定模式编码器将提供更好的修复效果。第二个问题在于位于图像末端丢失像素的位置。由于这个位置，很难执行修补任务，因为这里只有缺失像素区域一侧的信息是可用的，其他三面对于网络是不可用的。我们通过进行基于反射的信息增强技术来解决第二个问题，该技术将丢失的像素区域置于图像中心，从而人工创建具有来自丢失像素区域两侧信息的邻域。实验结果表明，我们提出的训练特定模式专家神经网络的方法和基于反射的信息增强技术能够显著改善图像的视觉质量。

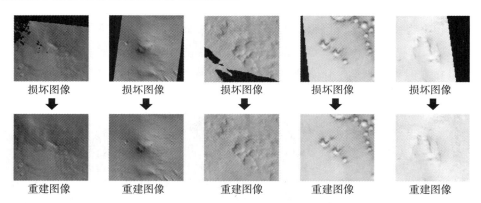

图 6-3　图像修补任务定性说明（第一行和第二行分别为损坏的图像及其对应的重建图像）

6.2　相关工作

人类有一种非凡的能力，可以根据周围的环境，通过视觉理解并预测图像或场景中缺失的区域。之前关于图像补绘的研究工作已经表明，通过设计和训练卷积神经网络（CNN），可以学习和预测这种缺失像素的结构[6-9]，这类深度神经网络能够以出色的性能解决多个基于视觉的任务。Xie 等人[10]提出了堆叠稀疏去噪自动编码器（SSDA），这是一种结合稀疏编码和深度网络预训练的去噪自动编码器来解决盲图像修复任务的方法，也是一个更具挑战性的修复任务。因为算法不知道缺失像素的位置，它学会了找到缺失像素的位置，然后恢复它们。Kohler 等人[11]展示了一种基于深度神经网络的掩模特异性盲补技术，用于填充图像中的小范围缺失区域。Chaudhury 等人[12]尝试使用轻量级全卷积网络（FCN）解决盲图修补任务，展示了与基于稀疏编码的 K - SVD 相当的性能[13]技术。Pathak 等[14]提出了上下文编码器——一种基于通道的全连接卷积神经网络方法，使用标准 l_2 损失像素级重建损失和对抗性损失进行训练[15]。这是第一个可以根据该区域周围区域的背景来预测缺失像素，从而补绘图像中存在的大洞或缺失区域的方法。之后的 Iizuka 等人[16]扩展[14]并证明了通过利用扩展卷积层（标准卷积层网络的一种变体）的优势，其基于编码器–解码器的方法可以恢复局部和全局一致的缺失像素。类似于[14]，这种方法也可使用对抗性训练方法进行图像补绘，但不同于[14]，基于所提出的全局和局部上下文鉴别器网络，该方法可以处理任意图像大小和掩码。最近，Yu 等人[17]提出了一个统一的前馈生成网络，该网络具有一个新颖的上下文注意层，用重建损失和两个 Wasserstein GAN 进行训练[18,19]，同时表明，该统一框架可以修复位于任意位置的多个大小可变的孔洞。

同时，深度图像修复技术也被应用于行星表面图像恢复任务。Roy 等人[20]首先提出了一种基于 U - Net 的方法来恢复由月亮女神卫星上的多波段成像仪（MI）所收集的月球表面图像的缺失像素。在这项工作中，基于实验数据集上具有相似直方图分布的不同图像聚类，通过训练特定模式的回归模型，扩展了火星轨道图像缺失像素的填充思想。

6.3　实验数据

在这项工作中，我们使用火星侦察轨道器上的 HiRISE 相机收集空间分辨率约为 30 cm/px 的火星轨道图像[21]。虽然这个数据集有三个颜色通道：红色（550～850 nm）、蓝绿（400～600 nm）和近红外（800～1 000 nm），但我们使用了图像的灰度版本。这个数据集总共有 73 031 个地标，其中"地标"指的是不同的行星表面特征，如陨石坑、明亮的沙丘、深色的沙丘、深色的斜坡条纹等[22]。在这 73 031 个地标中，有 10 433 个地标是从 180 幅 HiRISE 浏览图像中检测和提取的。剩下的 62 598 个地标是 10 433 个原始地标的增强版（90 度、180 度、270 度顺时针旋转、水平翻转、垂直翻转和随机亮度调整）。每张图片大小为 227×227 像素，出于实验目的，我们将其大小调整为 256×256。该数据集可以在 https：// zenodo. org/record/2538136♯. XYjEuZMzagR 上获得。

6.4　提出的方法

在这里，我们的目标是通过学习数据集中其他净图像和损坏图像之间的映射，预测一个合理的假设来填充未知损坏图像中的缺失像素。基于最近提出的上下文编码器基础上[14]，并扩展了我们的方法来解决在直方图分布中具有多个模式的数据集的修复问题。此外，我们提出了一种基于反射的信息增强方法，有助于我们处理图像末端缺失像素区域的位置问题。

6.4.1　直方图聚类的无监督分离

在我们的数据集中，我们发现火星图像在直方图分布中有几种模式。因此，我们的目标是在不同的聚类中分离具有不同强度分布的图像。这种聚类背后的直觉是，与具有平均强度分布 $p(x)$ 的单个模型相比，使用特定强度分布 [如 $p_1(x)$ 或 $p_2(x)$] 的图像训练的回归模型将提供更好的性能，如图 6-4（a）所示。为此，首先，我们计算出每张图像中的黑色像素数，并将黑色像素数小于 5 的图像视为净图像，将黑色像素数大于 50 的图像视为损坏图像。然后我们执行 K-均值聚类[23]，根据这些缺失像素的图像的直方图分布将其聚类到不同的组中，如下列等式所示

$$h_k(x) = \frac{n[x(i,j) = k]}{\text{number of pixels}} \tag{6-1}$$

式中，对于特征，k 从 1 变化到 255，并且 $h_0(x)$ 是黑色像素的数量。

为了找到聚类的最佳数量 k，我们进行了拐点分析[24]。如图 6-4（b）所示，得出图像聚类的最佳数量为 5。每个聚类对应的图像如图 6-5 所示。随后，从灰度直方图空间中的五个聚类中心出发，根据欧氏距离最近的聚类中心，为每幅净图像分配类别标签。表 6-1 给出了这些提取图像的统计数据。接下来，对于每个聚类，我们从受损图像中提取缺失像素的掩码，并将其随机叠加到净图像上，并创建净图像和受损图像对，用于训练和测试五个不同的回归模型。图 6-6 展示了这种人为创建的损坏图像。

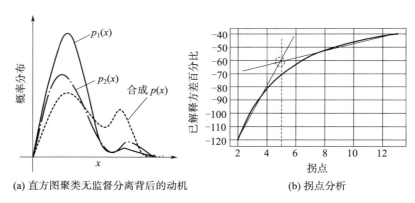

（a）直方图聚类无监督分离背后的动机　　　　（b）拐点分析

图 6-4　火星 HiRISE 数据集的几种模式的直方图分布和拐点分析（用于确定最佳的聚类数）

表 6-1　每个聚类中净图像与损坏图像的数量统计

方法	净图像数量	像素缺失图像数量
聚类 0	15697	4108
聚类 1	9733	2755
聚类 2	3747	2060
聚类 3	12703	3133
聚类 4	10775	3598

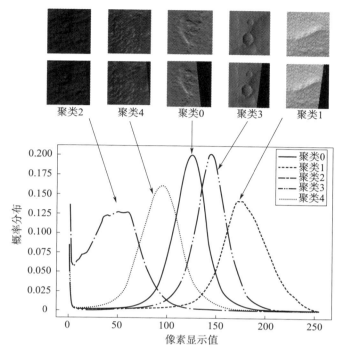

图 6-5 实验数据集中不同图像的直方图分布以及净图像和损坏图像示例
（它们属于根据强度分布划分的五个聚类中的每个聚类）

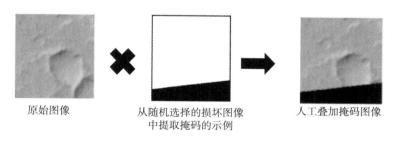

图 6-6 人工创建损坏/掩码图像示例

6.5 网络架构

为了完成具有不同强度分布的行星图像补绘任务，我们训练了基于生成对抗网络（GAN）的模型[15]，近年来，该模型在图像生成建模[25]中表现良好。我们提出的方法概述如图 6-7 所示。对于发电机网络，我们采用 U-Net 架构[26]，它由一个收缩路径和一个扩展路径组成。在该算法中，收缩路径由两个 $3×3$ 的卷积操作序列组成，每个卷积操作序列后面都有一个非线性激活（ReLU）和一个 $2×2$ 的最大合并操作（跨距为 2）。扩展路径由一系列 $2×2$ 的上卷积和收缩路径上相应裁剪的特征映射以及两个 $3×3$ 的卷积组成，每个卷积后面都有 ReLU 层[26]。总体而言，我们的生成器网络有 28 个卷积层。对于鉴别器网络，我们使用了三个卷积层，每个卷积层后面都有一个 LeakyReLU 激活函数和一个密集层。

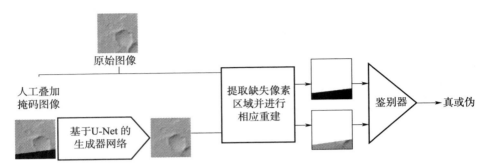

图 6-7　概述所提出的方法。我们的模型包含一个生成器网络和一个鉴别器网络，基于上下文编码器[14]思想，用于行星图像绘制任务

6.5.1　训练细节

我们使用对抗性损失[15]来训练我们的模型，学习输入受损图像 X 和输出净图像 Y 之间的映射。让我们将输入和输出数据分布表示为 $x \sim p_{data}(x)$ 和 $\gamma \sim p_{data}(\gamma)$。为了学习 $G: X \to Y$ 和鉴别器 D_Y 之间的映射，我们求解以下目标函数

$$\min_G \max_{D_Y} L_{GAN}(G, D_Y, X, Y) = E_{\gamma \sim p_{data}(\gamma)}[\log D_Y(\gamma)] + E_{x \sim p_{data}(x)}\{\log[1 - D_Y(G(x))]\}$$

$$(6-2)$$

式中，生成器网络试图生成看起来类似于来自分布 Y 的输出净图像的图像 $G(x)$，并且鉴别器 D_Y 网络试图鉴别所生成图像的真伪。这里，"真"是指原始的干净/未损坏的图像，而"伪"是指人工恢复的图像。当生成器试图最小化目标函数时，鉴别器试图最大化目标函数，从而进行最小与最大之间的博弈。我们为五个不同的聚类使用了五个不同的模型（从拐点分析中获得，如第 6.4.1 节所述），并通过回归缺失像素区域的地面实况内容，对它们进行了 30 000 轮训练。对于优化，我们使用最近提出的随机梯度下降求解器 Adam Optimizer[27]，批次数量大小为 8，学习率为 0.000 2。我们在 Python 中使用 TensorFlow 和 Keras 库来实现我们的模型⑬。生成器和鉴别器网络在 GTX-1080 GPU 上一起训练约 8 个小时。

起初，我们使用大小为 256×256 的图像来训练模型。然而，行星图像补绘的一个重要挑战是定位处于图像末端缺失像素的位置，如图 6-3 的第一行所示。这导致来自缺失像素区域的所有侧面信息不可用。由于现有的图像补绘算法主要致力于修复图像中心区域，因此无法修复图像边缘区域的缺失像素。为了解决这个问题，我们提出了一种基于反射的信息增强方法。

---

⑬　代码、训练模型和更多的补绘结果可在 https://github.com/hiyaroy12/planetary-image-inpainting 上查询。

6.5.2　基于反射的信息增强方法

通过使用基于反射的信息增强方法，我们通过使缺失的像素区域位于图像的中心部分来增强损坏的图像，同时遵循如图 6-8 所示的一组规则。应用此方法后，我们使用大小为 256×512 的一对干净和损坏图像对所有五个聚类重新训练所提出的网络。这种方法帮助网络从双方获取信息，从而显著提高视觉质量以及第 6.6 节所描述的恢复性能。

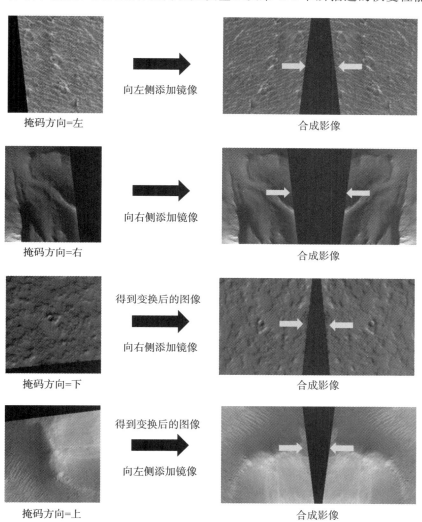

掩码方向=左　　　　向左侧添加镜像　　　　合成影像

掩码方向=右　　　　向右侧添加镜像　　　　合成影像

掩码方向=下　　　　得到变换后的图像　向右侧添加镜像　　　　合成影像

掩码方向=上　　　　得到变换后的图像　向左侧添加镜像　　　　合成影像

图 6-8　损坏图像增强规则（有助于两测信息交流，使网络更容易从邻居中学习，并预测与周围环境一致的缺失像素）

6.6　实验结果

为了验证提出的算法的有效性，我们进行了定性和定量评估。我们计算了所有 5 个聚类的复原图像与原始未受损图像的 PSNR 值。图 6-9 显示了每个聚类中大小为 256×512 的最终重建图像，其中第一行显示了从 6.5.2 节所描述的过程中获得的最终损坏图像，第二行显示了从所提出的算法中获得的重建图像。由于原始图像的大小为 256×256，我们对 6.5.2 节中解释的规则进行反向操作，以获得与其原始 256×256 图像对应的大小为 256×256 的复原图像。

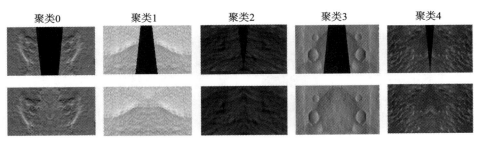

图 6-9　所有聚类的结果图像（第 1 行和第 2 行分别显示了大小为 256×512 的损坏图像和净图像）

6.6.1　性能评估

我们从峰值信噪比（peaksignal - to - noise ratio，PSNR）和结构相似度（structural similarity，SSIM）两个指标对该方法进行了定量性能分析。峰值信噪比使用均方误差（Mean squared error，MSE）法进行度量，它仍然是重构图像最常用的质量度量。重建图像的 PSNR 为

$$PSNR = 20\log_{10}\left(\frac{I_{\max}}{\sqrt{MSE}}\right) \tag{6-3}$$

其中，$I_{\max}$ 是原始图像中像素的最大值。较高的 PSNR 通常表示较高质量的重建。我们还计算了结构相似度（SSIM）指数[28]，该指数提供了对重建图像感知质量的定量评估。

图 6-10 至图 6-14 描述了每个聚类的定性结果，其中第一行显示了原始未损坏图像，第二行显示了人工生成的损坏图像及其 PSNR 值，第三行显示了恢复图像及其相应的 PSNR 值。这些可视化证明了上下文编码器模型具有填充与周围像素值一致的缺失区域的图像语义细节能力。表 6-2 和 6-3 说明了受损图像的平均 PSNR 和平均 SSIM 值，以及在一组不同聚类组合中进行训练和测试时其对应的重建。与我们的预期一样，所有五个聚类的重建与其相应的受损图像相比，具有更好的 PSNR 值。此外，我们发现，在大多数情况下，在具有相同强度分布的相同图像聚类上训练和测试，可以获得恢复图像的最佳平均 PSNR 值。

我们还将我们的方法与参考文献［26］进行了比较，结果见表 6-4。我们看到在所有五种情况下，我们的方法都可以成功地以良好的 PSNR 值恢复末端丢失的像素，优于标准的基于 l_2 损失[26] 的方法。我们认为我们的方法性能更优的原因在于使用了对抗性损失，试图使预测看起来更真实，而标准的 l_2 损失则试图捕捉丢失像素区域的整体结构，使其与邻域上下文一致，最终平均算出预测中的多个模式。此外，我们的方法利用了基于反射的

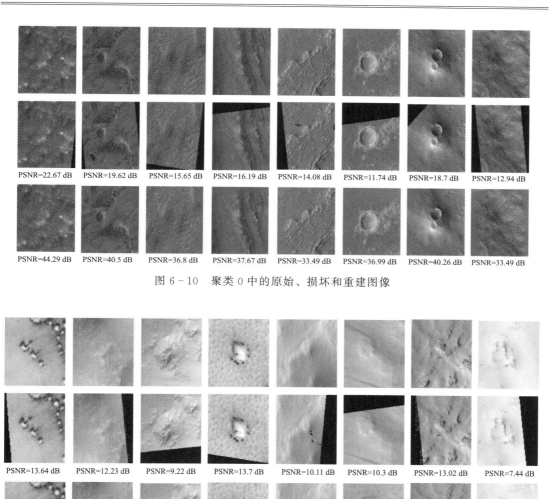

图 6 - 10　聚类 0 中的原始、损坏和重建图像

图 6 - 11　聚类 1 中的原始、损坏和重建图像

信息增强法，有助于从缺失像素的两侧更好地交流信息，从而在修复位于图像末端缺失像素区域的情况下提高网络性能。为了证实模型的有效性，我们使用了四种不同类型的掩码进行了测试，这些掩码在训练数据中从未出现过。我们使用四种不同类型的看不见的图案，由左、右、上、下的 25% 掩码组成，如图 6 - 15 至图 6 - 19 中第二行所示。图 6 - 15 至图 6 - 19 的第一、三行分别为原始图像、重建图像及对应的 PSNR 值。我们可以看到，我们的模型也可以以良好的 PSNR 值恢复这些看不见的模式。

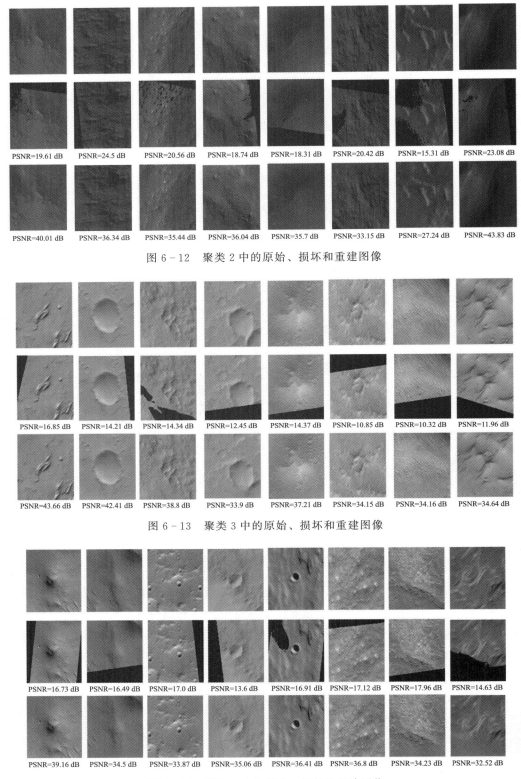

PSNR=19.61 dB　PSNR=24.5 dB　PSNR=20.56 dB　PSNR=18.74 dB　PSNR=18.31 dB　PSNR=20.42 dB　PSNR=15.31 dB　PSNR=23.08 dB

PSNR=40.01 dB　PSNR=36.34 dB　PSNR=35.44 dB　PSNR=36.04 dB　PSNR=35.7 dB　PSNR=33.15 dB　PSNR=27.24 dB　PSNR=43.83 dB

图 6 - 12　聚类 2 中的原始、损坏和重建图像

PSNR=16.85 dB　PSNR=14.21 dB　PSNR=14.34 dB　PSNR=12.45 dB　PSNR=14.37 dB　PSNR=10.85 dB　PSNR=10.32 dB　PSNR=11.96 dB

PSNR=43.66 dB　PSNR=42.41 dB　PSNR=38.8 dB　PSNR=33.9 dB　PSNR=37.21 dB　PSNR=34.15 dB　PSNR=34.16 dB　PSNR=34.64 dB

图 6 - 13　聚类 3 中的原始、损坏和重建图像

PSNR=16.73 dB　PSNR=16.49 dB　PSNR=17.0 dB　PSNR=13.6 dB　PSNR=16.91 dB　PSNR=17.12 dB　PSNR=17.96 dB　PSNR=14.63 dB

PSNR=39.16 dB　PSNR=34.5 dB　PSNR=33.87 dB　PSNR=35.06 dB　PSNR=36.41 dB　PSNR=36.8 dB　PSNR=34.23 dB　PSNR=32.52 dB

图 6 - 14　聚类 4 中的原始、损坏和重建图像

表 6 - 2　不同聚类损坏与重建图像的平均 PSNR 值（每个聚类的最佳 PSNR 值以粗体显示）

训练	测试	聚类 0	聚类 1	聚类 2	聚类 3	聚类 4
聚类 0	平均 PSNR 损坏图像	16.23	11.51	21.53	14.90	17.95
	平均 PSNR 重建图像	**37.53**	32.22	28.67	36.23	33.32
聚类 1	平均 PSNR 损坏图像	16.23	11.51	21.53	14.90	17.95
	平均 PSNR 重建图像	35.21	**36.06**	24.54	36.03	29.43
聚类 2	平均 PSNR 损坏图像	16.23	11.51	21.53	14.90	17.95
	平均 PSNR 重建图像	33.59	24.52	**36.64**	31.36	32.79
聚类 3	平均 PSNR 损坏图像	16.23	11.51	21.53	14.90	17.95
	平均 PSNR 重建图像	32.79	33.20	30.64	**37.14**	33.17
聚类 4	平均 PSNR 损坏图像	16.23	11.51	21.53	14.90	17.95
	平均 PSNR 重建图像	34.41	23.16	**34.43**	30.17	34.11

表 6 - 3　不同聚类损坏和重建图像的平均 SSIM 值

训练	测试	聚类 0	聚类 1	聚类 2	聚类 3	聚类 4
聚类 0	平均 SSIM 损坏图像	0.80	0.80	0.81	0.83	0.81
	平均 SSIM 重建图像	0.98	0.98	0.96	0.99	0.98
聚类 1	平均 SSIM 损坏图像	0.80	0.80	0.81	0.83	0.81
	平均 SSIM 重建图像	0.98	0.98	0.95	0.97	0.96
聚类 2	平均 SSIM 损坏图像	0.80	0.80	0.81	0.83	0.81
	平均 SSIM 重建图像	0.97	0.97	0.97	0.96	0.97
聚类 3	平均 SSIM 损坏图像	0.80	0.80	0.81	0.83	0.81
	平均 SSIM 重建图像	0.95	0.98	0.96	0.98	0.98
聚类 4	平均 SSIM 损坏图像	0.80	0.80	0.81	0.83	0.81
	平均 SSIM 重建图像	0.97	0.96	0.97	0.98	0.98

表 6 - 4　本方法与 U - Net 模型[26]的重建质量（PSNR 值）

比较（与 U - Net 相比，我们的方法恢复的图像具有更好的视觉质量）损坏与恢复图像的平均 PSNR 值

	聚类 0		聚类 1		聚类 2		聚类 3		聚类 4	
	损坏图像	恢复图像	损坏图像	恢复图像	损坏图像	恢复图像	损坏图像	Rest img	损坏图像	恢复图像
我们的模型	16.23	**37.53**	11.51	**36.06**	21.53	**36.64**	14.9	**37.14**	17.95	**34.11**
U - Net 模型[26]	16.63	20.43	12.0	17.69	21.82	17.89	14.04	19.84	18.50	20.72

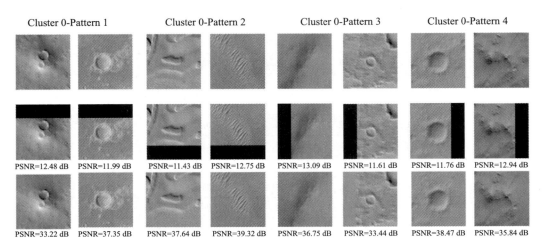

图 6-15　聚类 0 中的原始、损坏和重建图像（带有四个不同的掩码）

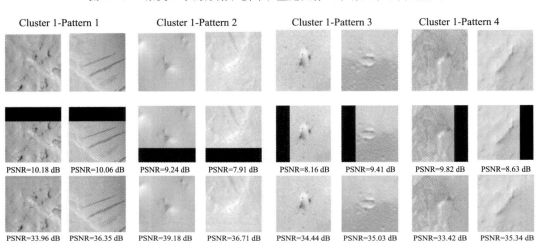

图 6-16　聚类 1 中的原始、损坏和重建图像（带有四个不同的掩码）

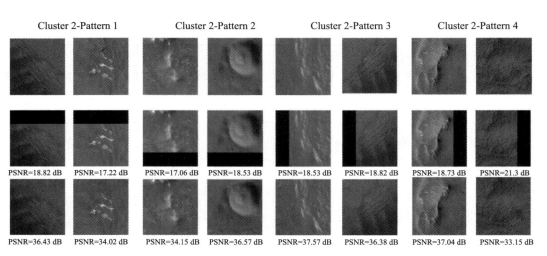

图 6-17　聚类 2 中的原始、损坏和重建图像（带有四个不同的掩码）

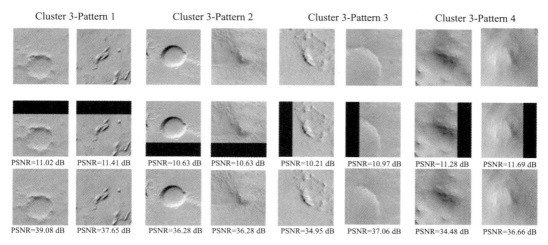

图 6 - 18　聚类 3 中的原始、损坏和重建图像（带有四个不同的掩码）

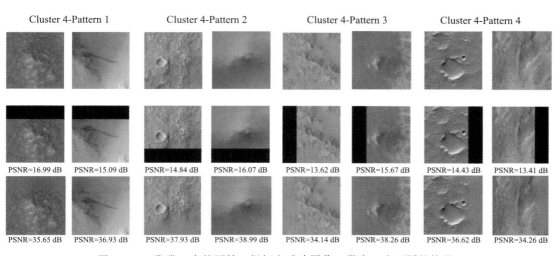

图 6 - 19　聚类 4 中的原始、损坏和重建图像（带有四个不同的掩码）

6.7　结论

在这项工作中，我们展示了通过使用基于 GAN 的深度卷积神经网络，成功预测和恢复使用机载 MRO 的 HiRISE 相机获取的火星轨道图像的缺失像素。实验结果表明，我们提出的方法可以解决不同强度分布图像的补绘任务。我们还描述了基于反射的信息增强技术，通过提供来自邻域的额外信息，使网络更容易预测位于输入图像末端的缺失像素，从而帮助填充具有令人印象深刻的视觉和感知质量的缺失像素区域。我们相信，这种图像补绘技术的应用将有助于行星科学界以更精确的方式分析行星表面。

参 考 文 献

［1］ A. Levin，A. Zomet，S. Peleg，Y. Weiss，Seamless image stitching in the gradient domain，in：European Conference on Computer Vision，Springer，2004，pp. 377 – 389.

［2］ J. Hays，A. A. Efros，Scene completion using millions of photographs，ACM Transactionson Graphics（TOG）26（3）（2007）4.

［3］ S. – I. Sobue，S. Sasaki，M. Kato，H. Maejima，H. Minamino，H. Konishi，H. Otake，S. Nakazawa，N. Tateno，H. Hoshino，et al.，The result of SELENE（Kaguya）development and operation，Recent Patents on Space Technology 1（2009）12 – 22.

［4］ Y. Takizawa，Kaguya（SELENE）mission overview，in：Proceedings of the 26th International Symposium on Space Technology and Science（ISTS），June 2008，2008.

［5］ S. Roth，M. J. Black，Fields of experts：a framework for learning image priors，in：2005 IEEE Computer Society Conference on Computer Vision and Pattern Recognition（CVPR'05），vol. 2，Citeseer，2005，pp. 860 – 867.

［6］ A. Krizhevsky，I. Sutskever，G. E. Hinton，Imagenet classification with deep convolutional neural networks，in：Advances in Neural Information Processing Systems，2012，pp. 1097 – 1105.

［7］ K. Simonyan，A. Zisserman，Very deep convolutional networks for large – scale image recognition，arXiv preprint，arXiv：1409. 1556，2014.

［8］ C. Szegedy，W. Liu，Y. Jia，P. Sermanet，S. Reed，D. Anguelov，D. Erhan，V. Vanhoucke，A. Rabinovich，Going deeper with convolutions，in：Proceedings of the IEEE Conference on Computer Vision and Pattern Recognition，2015，pp. 1 – 9.

［9］ K. He，X. Zhang，S. Ren，J. Sun，Deep residual learning for image recognition，in：Proceedings of the IEEE Conference on Computer Vision and Pattern Recognition，2016，pp. 770 – 778.

［10］ J. Xie，L. Xu，E. Chen，Image denoising and inpainting with deep neural networks，in：Advances in Neural Information Processing Systems，2012，pp. 341 – 349.

［11］ R. Köhler，C. Schuler，B. Schölkopf，S. Harmeling，Mask – specific inpainting with deep neural networks，in：German Conference on Pattern Recognition，Springer，2014，pp. 523 – 534.

［12］ S. Chaudhury，H. Roy，Can fully convolutional networks perform well for general image restoration problems?，in：2017 Fifteenth IAPR International Conference on Machine Vision Applications（MVA），IEEE，2017，pp. 254 – 257.

［13］ J. Mairal，M. Elad，G. Sapiro，Sparse representation for color image restoration，IEEE Transactions on Image Processing 17（1）（2007）53 – 69.

［14］ D. Pathak，P. Krahenbuhl，J. Donahue，T. Darrell，A. A. Efros，Context encoders：feature learning by inpainting，in：Proceedings of the IEEE Conference on Computer Vision and Pattern Recognition，2016，pp. 2536 – 2544.

［15］ I. Goodfellow，J. Pouget – Abadie，M. Mirza，B. Xu，D. Warde – Farley，S. Ozair，A. Courville，

Y. Bengio，Generative adversarial nets，in：Advances in Neural Information Processing Systems，2014，pp. 2672 - 2680.

[16]　S. Iizuka，E. Simo - Serra，H. Ishikawa，Globally and locally consistent image completion，ACM Transactions on Graphics (ToG) 36 (4) (2017) 107.

[17]　J. Yu，Z. Lin，J. Yang，X. Shen，X. Lu，T. S. Huang，Generative image inpainting with contextual attention，in：Proceedings of the IEEE Conference on Computer Vision and Pattern Recognition，2018，pp. 5505 - 5514.

[18]　M. Arjovsky，S. Chintala，L. Bottou，Wasserstein GAN，arXiv preprint，arXiv：1701. 07875，2017.

[19]　I. Gulrajani，F. Ahmed，M. Arjovsky，V. Dumoulin，A. C. Courville，Improved training of Wasserstein gans，in：Advances in Neural Information Processing Systems，2017，pp. 5767 - 5777.

[20]　H. Roy，S. Chaudhury，T. Yamasaki，D. DeLatte，M. Ohtake，T. Hashimoto，Lunar surface image restoration using u - net based deep neural networks，arXiv preprint，arXiv：1904. 06683，2019.

[21]　A. S. McEwen，E. M. Eliason，J. W. Bergstrom，N. T. Bridges，C. J. Hansen，W. A. Delamere，J. A. Grant，V. C. Gulick，K. E. Herkenhoff，L. Keszthelyi，et al.，Mars reconnaissance orbiter's high resolution imaging science experiment (hirise)，Journal of Geophysical Research：Planets 112 (E5) (2007).

[22]　K. L. Wagstaff，Y. Lu，A. Stanboli，K. Grimes，T. Gowda，J. Padams，Deep Mars：Cnn classification of Mars imagery for the pds imaging atlas，in：Thirty - Second AAAI Conference on Artificial Intelligence，2018.

[23]　J. A. Hartigan，M. A. Wong，Algorithm as 136：a k - means clustering algorithm，Journal of the Royal Statistical Society. Series C (Applied Statistics) 28 (1) (1979) 100 - 108.

[24]　Q. Zhao，V. Hautamaki，P. Fränti，Knee point detection in BIC for detecting the number of clusters，in：International Conference on Advanced Concepts for Intelligent Vision Systems，Springer，2008，pp. 664 - 673.

[25]　A. Radford，L. Metz，S. Chintala，Unsupervised representation learning with deep convolutional generative adversarial networks，arXiv preprint，arXiv：1511. 06434，2015.

[26]　O. Ronneberger，P. Fischer，T. Brox，U - net：convolutional networks for biomedical image segmentation，in：International Conference on Medical Image Computing and Computer - Assisted Intervention，Springer，2015，pp. 234 - 241.

[27]　D. P. Kingma，J. Ba，Adam：a method for stochastic optimization，arXiv preprint，arXiv：1412. 6980，2014.

[28]　Z. Wang，A. C. Bovik，H. R. Sheikh，E. P. Simoncelli，et al.，Image quality assessment：from error visibility to structural similarity，IEEE Transactions on Image Processing 13 (4) (2004) 600 - 612.

第7章　基于无监督学习的水星可见-近红外反射率光谱自动表面制图与分类

Mario D'Amore[a] and Sebastiano Padovan[a,b,c]

[a]德国航空航天中心（DLR），柏林，德国

[b]欧洲气象卫星应用组织，达姆施塔特，德国

[c]WGS，达姆施塔特，德国

7.1　简介

近几十年来，旨在探索太阳系和观测太阳系外行星的科学任务所返回的大量数据颠覆了以往探索和发现目标天体重要科学方面的经典方法。例如，水手 10 号（Mariner 10）返回的水星数据不到 100 MB，而信使号（MESSENGER）返回的数据约为 23TB。预计未来的任务还会超越这个水平。此外，数据本身也趋于复杂。例如，预期来自 BepiColombo 的高光谱数据集的数据就比 Mariner 10 的数据复杂得多。这种情况清楚地表明，在能够节省时间而不丢失数据的基础上，某种形式的自动化分析将是有益的。

我们将重点放在高光谱遥感数据上。分析这类数据的典型方法是使用正向辐射模型（如 Hapke[13]）或者尝试通过使用化学和/或地貌背景信息在实验室环境中设置相关样本来再现观测到的辐射[15]。能够考虑到相关物理的复杂前向模型通常计算量巨大，难以用于调查高光谱数据覆盖的巨大参数空间。这种考虑与实验室研究更加相关：物理模拟需要物理制造目标，因此越来越多的参数意味着需要更多的实验和更多的时间。模型需要在合理的时间内计算出数据的计算能力，可以通过将其分布在多台机器上，克服这一限制。这种解决方法对于实验室实验效果甚微，因为大多数情况下只有少数地方满足空间样品模拟所需的环境，如高真空、高温、低辐射等。

如果没有一种有效、快速地探索大量复杂数据的方法，那么大型高光谱数据集中有价值的信息很可能会被遗漏。

地质图是远程行星表面研究的黄金方法，但绘制地质图是一项极其耗时的任务。该过程可能受到用户偏见的影响，并且通常仅使用几个数据点（例如，3-通道图像）来描述不同的单元。例如，Denevi 等人[6]利用信使号水星双成像系统（MDIS）相机对水星进行观测，绘制了水星主要地形类型的分布和范围。虽然相机具有 11 个光谱带，但通常用于地形区分的地图是 RGB，其中 3 个代表性光谱带被映射到三个图像颜色通道上。

地貌图考虑了其他特征，如通过表面粗糙度和陨石坑密度表征年龄，其中年龄和陨石坑密度之间的相关性是从模型[3,17]中得出的。正如本书所证明的那样，自动化技术在行星科学应用中变得越来越普遍，本章的目的是说明如何将无监督学习技术应用于遥感数据。这种方法通过最少的用户交互，产生有趣的科学产品，如可以直接与地貌图和模型进行比较的分类图。我们分析了 2011 到年至 2015 年 NASA 信使号[20]在轨道观测期间，水星大

气和表面成分光谱仪（MASCS）所采集的水星表面光谱反射率数据。MASCS 是一个三传感器点光谱仪，光谱覆盖范围为 $200\sim1\,450$ nm。在简要概述该仪器及其对水星研究的意义（第 7.2 节）之后，我们将说明如何提取数据并将其重新采样为对我们的机器学习应用有用的格式（第 7.3 节）。然后，我们将展示如何压缩数据（第 7.4.1 节），如何将它们投影到较低的维数（第 7.4.2 节）。最后，研究如何将"相似"数据点组合在一起，以发现显著的谱类及其在表面上的分布。在第 7.4.4 节中，我们通过提供发现的光谱类别分布结果与使用经典方法获得的水星表面地图的基本比较来总结，以便提供对所提出的机器学习技术的初步评估。

7.2　水星与 MASCS 仪器

表面矿物和矿物组成是研究行星历史的重要指标，它们提供了形成和改变地壳过程的线索，而地壳主要是内部演化的结果。例如，识别特定矿物组合的可能性，如已知在特定压力和温度条件下形成的变质岩，将揭示发生在地下的物理过程，这些物理过程产生了这些岩石，后来又将这些岩石运输到地表[24]。类似地，对水合矿物的观察可以表明过去可能存在水，就像火星的情况一样[23]。

虽然已经发表了一些关于水星表面矿物学的研究[12,24,33,37]，但它与地球历史上发生的内源性（如地幔对流）和外源性（如撞击）过程之间的联系仍然难以阐明[29]。一个相关的例子是 MESSENGER 数据中，在水星表面发现的、被称为空洞的地质特征。空洞是无框的洼地，地面平坦，周围环绕着高反照率物质的光晕，通常出现在星团[4]中。鉴于这一证据，它们的形成机制可能包括挥发性物质通过一个或多个过程的损失，如升华、空间风化、脱气或火山碎屑流。信使号 MDIS 相机中出现的空洞与特定的光谱特征有关[37]，但由于光谱仪的空间分辨率较粗，无法识别光谱仪数据中的特定光谱特征。总体而言，根据 MASCS 仪器获得的 VNIR 光谱得出的唯一明确推论是：水星的表面几乎没有变化，除了在空洞内可能显示出硫化物矿物学特征外，没有显示出明显的光谱特征[37]。

MASCS 由一个有效焦距为 257 mm、孔径为 50 mm 的小型卡塞格林望远镜组成，该望远镜同时为紫外和可见光谱仪（UVVS）以及可见和红外光谱仪（VIRS）通道提供电力。VIRS 是焦距为 210 mm 的固定凹面光栅摄谱仪，配备有分束器，可同时将光分散到 512 个元件的传感器（VIS，$30\sim1\,050$ nm）和 256 个元件的红外传感器阵列（NIR，$850\sim1\,450$ nm）上。MASCS 获得的数据几乎覆盖整个水星表面。由于航天器的轨道接近椭圆，空间分辨率高度依赖于纬度，参考值约为 5 km，与成像仪器（即 MDIS）相比，这种低空间分辨率是更高光谱分辨率和更多光谱通道的折中。

在我们的测试中，NIR 传感器的特征在于其信噪比（SNR）比 VIS 检测器低 $3\sim5$ 倍，并且不向 VIS 传感器添加重要信息。可以链接和校正 NIR 测量，以匹配以下相应的 VIS 测量。（然而，对于成功的 VIS/NIR 交叉校正，请参见参考文献 [2]）。最大的障碍是最精确的光度校正仅适用于 VIS 通道[9-10]。然后，我们只分析了来自 VIS 通道的数据，就介后无监督学习技术而言，这就足够了。

7.3　数据准备

在下文中，我们使用"特征"来表示给定光谱中的单个光谱反射值，并将该光谱称为"观测值"。在给定的时间和给定的照明条件下，对水星表面的特定区域进行观测。MASCS 数据是遵循 PDS3 标准[25]的二进制文件的集合。我们需要对这些数据进行预处理，将其表示为形状矩阵 $[N \times M]$，其中 M 是特征的数量，N 是观察的数量，然后才能将其用作典型机器学习算法的输入。光谱可以表示为矢量，其中单个光谱通道是其分量，即，对于光谱 $\hat{x}$ 具有 512 个分量的情况，$\hat{x} = (x_1, \cdots, x_{512})$。整个 MASCS 数据集包括大约 500 万个光谱，每个光谱具有 512 个通道。覆盖范围在水星表面并不均匀，如图 7-1（a）所示。在本节中，我们描述了如何创建整个表面观测的均匀网格表示，这样就可以将聚类算法应用到整个表面，如图 7-1（b）所示。

进行行星科学分析的典型工作流程从定义多个感兴趣区域（ROI）开始，然后搜索这些 ROI 内的所有数据点。该方法有助于提取特定于用户定义的地质单元的光谱特征，以便在不同 ROI 背景下探索其属性。在本章中，我们开发了一个工作流，首先使用 GDAL①Python 绑定从原始文件中提取的数据。然后，我们将它们组织在 PostgreSQL 关系数据库②和 PostGIS 空间扩展③中。该数据库目前托管在柏林的 DLR。

首先，在 $\pm 80°$ 之间的纬度带中，将约 500 万光谱的整个数据集重新采样到 $1° \times 1°$ 的行星范围矩形网格。网格的纵向尺寸从赤道 $\pm 80°$ 的 40 km 到 10 km 之间不等。因此，每个网格单元所跨越的区域取决于纬度。对于采集过程也是如此，其中，在赤道附近达到较高的空间分辨率，而在两极达到较低的分辨率。接下来，我们以 4 nm 的分辨率（2 nm 光谱采样）将光谱维度中的数据重新采样到从 260 nm 到 1 052 nm 的共同波长范围④，得到 396 个光谱通道。该方法对原始的 4.77 nm 光谱分辨率进行了轻微过采样，并从原始的 $200 \sim 1 050$ nm 范围去除了一些点。生成的数据矩阵以表格形式显示，每一行表示表面上的单个网格单元或像素。每行的元素是 VIS 仪器在 396（重采样）波长下的光谱反射值。数据集现有维度 $[N \times M]$，其中 N 是网格单元的数量（$360 \times 180 = 64\ 800$），M 是光谱特征的数量（396）。由于不完全覆盖和数据过滤，一些网格单元是空的。删除这些空单元格后，数据集的大小为 55 399×396。作为一个例子，图 7-1（b）显示出了在固定波长

---

① 我们在读取 8 个字节的实值时发现了一个 GDAL 错误，在我们向开发人员报告后，版本大于等于 2.3.0 时问题得到了解决。请参阅 https://trac.osgeo.org/gdal/wiki/release/2.3.0-news，并在操作 MASCS 数据时使用此版本或更高版本。

② PostgreSQL 是一种关系数据库管理，它控制数据库的创建、完整性、维护和使用。

③ PostGIS 增加了对地理信息系统中地理对象的支持，扩展了数据库语言，增加了创建和操作地理对象的功能。PostGIS 具备开放地理空间联盟（OGC）的 SQL 规范的简单功能。

④ MASCS VIS data have different wavelength sampling and part of the global Mercurycampaign had different spectral binning.

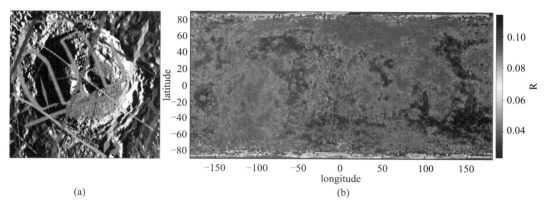

图 7-1　（a）MASCS VIRS 在柯伊柏陨石坑区域的观测实例，柯伊柏陨石坑是一个直径
62 km 的陨石坑，其中心峰位于水星 11.35°S 31.23°W。柯伊柏是水星上最明亮的地标，
有一个新的射线系统，表明它是水星上最年轻的陨石坑之一[8,26]。每个多边形大致代表
VIS 和 NIR 观测（实际上，两个通道略有偏差）。不同的颜色代表不同的航天器轨道。请注意
不同的轨道如何显示不同的多边形大小，这可能是由于不同的观测几何或航天器高度。
（b）使用正方形多边形作为基本像素来构建全局多维数据集，使用每个正方形内所有观
测值的中值作为最终像素反射率。该图显示了来自 VIS 的 700 nm 波段的反射值

（700 nm）处的归一化反射率的分布。

　　我们使用了最近的数据集，该数据集具有大规模光度校正[9,10]，因此几乎不受观测几
何效应的影响。然而，极端的几何形状仍然存在，并且通常与高噪声和一些残留的仪器效
应有关。基于的经验测试，我们过滤掉了发射/入射角≥80°的观测值。在构建全球高光谱
多维数据集时，我们还计算了每个波长和每个单元网格的中值，并过滤掉低于第 2 个百分
位数和高于 99.9 个百分位数的观测值，以清除一些残余的几何效应。通过这种方法，我
们创建了一个有效的噪声过滤器，同时保留了足够的观测数据，以便能够分析整个行星
表面。

7.4　从多元数据中学习

7.4.1　降维：ICA

　　降维是在大量多维数据中发现显著模式的一种方法。两种较常使用的降维技术为独立
成分分析（ICA）和主成分分析（PCA）。

　　PCA 试图找到数据的降秩表示，并寻求最好地解释数据可变性的方法。

　　ICA 是盲源分离技术的一种情况，它假设观测值是非高斯信号并且彼此独立统
计[14,16]。独立成分分析的目的是寻找一组与主成分分析相同的新的基向量，但具有不同假
设和意义的新基。ICA 搜索每个向量都是独立成分的基：如果考虑叠加音频信号的混合，
则 ICA 基将返回每个独立信号的向量，就像在盲信号分离技术中一样。ICA 有助于将数
据表示为独立的子元素。

实际上，PCA 有助于压缩数据，而 ICA 有助于分离数据。

然后对上一节得到的多维数据集进行 ICA 分解，试图将多变量信号分解为可加性子分量。

我们将输入数据表示为 $\hat{x} = (\hat{x}_1, \cdots, \hat{x}_n)^{\mathrm{T}}$，其中 $\hat{x}_i$ 是给定观测的 396 个光谱反射值的矢量。ICA 试图找到线性变换 W，使得 $\hat{s} = W\hat{x}$，其中 $\hat{s} = (\hat{s}_1, \cdots, \hat{s}_k)^{\mathrm{T}}$ 是最大独立成分的向量，并且 $k \leqslant n$，W 也称为混合矩阵，其维数为 $[f \times k] = [$（数据维数）$\times$（ICA 独立源的数目）$]$。原始源 $\hat{s}_i$ 可以通过将观测信号 $\hat{x}$ 乘以混合矩阵 $W = A^{-1}$ 的逆矩阵（也称为解混矩阵）来恢复。

目标是找到一些独立的成分，这些成分可以以某种方式与地表上观察到的地质模式相联系。不存在基于表面地质的独立分量的"真实数量"，因此为了选择 K，我们使用表示数据中的噪声重建误差阈值。在计算表面 $1° \times 1°$ 网格（见 7-3）中每个像素的数据中值时，从剩余标准偏差中选择该值，并表示数据的子像素变化。

独立向量 s 是成分数目 k 的函数，通过增加它，重构误差可减小。图 7-2（a）显示了重建误差如何随着额外的成分而减少，并且当 $n \geqslant 4$ 时，条件 $||x - s(n)|| < 0.0015$ 成立。最终结果是数据从 $[55\,399 \times 396]$ 压缩到 $[55\,399 \times 4]$。

在这个应用程序中，将混合权重矩阵 W 可视化是很有趣的，即将独立源映射到数据 $\hat{x}$ 的线性算子。每个成分 S 的权重系数表示每个数据点与相应独立成分的接近程度。图 7-2（c）显示了权重系数图，说明了每个成分的空间分布。成分 1 和 2 在相应的成分中显示出明确定义的富集（红色）和枯竭（蓝色）的簇。对于成分 0 和 3，空间分布不显示任何特定结构。这可能是在数据中引入方差的一些残余仪器效应的结果。

7.4.2　流形学习

在上一节中，我们将整个数据集简化为一种表示，其中表面网格中的每个像素由使用 ICA 计算的 4 个特征表示，而不是 396 个光谱值 [图 7-2（c）]。在对数据集进行聚类之前，我们使用流形学习技术进一步降低维度。虽然在技术上可以使用流形学习技术来降低维度，而不需要 ICA 步骤，但我们首先需要应用 ICA，因为对于高维数据而言，流形学习算法在计算上表现不佳。这就是为什么它们通常在数据压缩步骤之后使用的原因。

有监督和无监督的线性降维技术有很多，包括但不限于 Isomap、局部线性嵌入（local linear Embedding，LLE）、Hessian 特征映射、t 分布随机邻域嵌入（t - distributed Stochastic Neighbor Embedding，t - SNE）、均匀流形近似与投影（UMAP）等。例如，请参阅以下综述论文及其参考文献 [11、22、31、34、35]。线性算法最重要的一点是它们的结果比非线性算法更容易解释，但根据定义，它们可能会错过数据中重要的非线性结构。

流形学习方法是一类非线性降维技术。它们基于这样一种思想，即许多数据集的内在维数实际上远低于它的实际维数。

线性降维技术也可以被认为是降维技术，因为该术语包含更广泛的算法集合。如果我

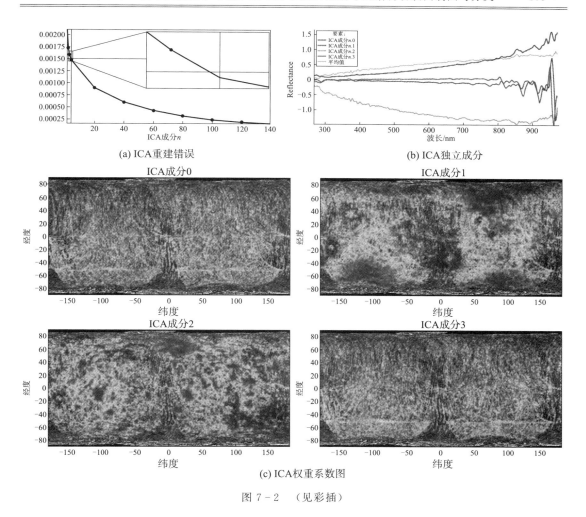

(a) ICA重建错误

(b) ICA独立成分

(c) ICA权重系数图

图 7-2　（见彩插）

们把 ICA 和流形学习方法看作一个黑箱，它们都压缩了输入数据。正如我们将在下面看到的，它们的基本假设，寻找低维表示的步骤，以及我们从中所洞察到的内容是不同的。

典型的流形学习问题是无监督的：它从数据本身学习数据的高维结构，而不使用预定的类[18]。UMAP 和 t-SNE 是流形学习的两种常用方法。t-SNE 的核心是将高维数据投影到低维空间中。t-SNE 初始化旨在建模表示邻居（数据点）之间相似性的概率分布。它从一个小的随机高斯分布开始，对于第一次迭代，输入概率乘以一个整数因子来"夸大"分布。t-SNE 将数据点之间的相似度转换为联合概率，然后尝试最小化低维嵌入和高维数据的联合概率之间的差异。在低维嵌入中，相似的原始数据点由附近的点来建模。不相似的数据点由嵌入空间中具有高概率的远点来建模。

与其他技术相比，t-SNE 对局部结构特别敏感，可以在同一地图上显示位于不同流形或簇中的数据在多个尺度上的结构。Isomap、LLE 等线性方法呈现的是单个连续的低维流形，而 t-SNE 关注的是数据的局部结构，因此会倾向于提取聚类的局部样本组。有关 t-SNE 的完整概述，请参阅参考文献 [31] 及其中的参考文献。

　　虽然功能强大，但 t‑SNE 在计算上耗费的时间极其昂贵，可能需要几个小时来处理数百万个样本数据集，而 PCA 则需要几秒到几分钟。此外，使用随机初始化的缺点是可重复性：即使使用固定的种子，也不能保证最终的结果是相同的。这意味着 t‑SNE 可以对相同数据产生不同初始化结果，因此一个好的实践是为相同数据集的多个随机种子运行 t‑SNE。因此，我们选择应用 UMAP[22]，该方法与 t‑SNE 相比具有许多优势，尤其是在保持全局数据结构的情况下提高了速度。

　　我们将在这里给出 UMAP 的高级描述，尽量不要使描述过于复杂，也不要落入本书之外的领域。这可能会留下模棱两可和错误的空间，这只是我们的错，因为我们过于简化了一个复杂的主题。参考文献 [22] 提供了非常严谨的数学背景，而以链接也可提供很好的可视化：https：// umap‑learn. readthedocs. io/ zh /latest/how _ umap _ works. html[⑤]。

　　UMAP 使用局部流形近似表示，用局部模糊单纯集表示流形近似，并用它们的并集构造高维数据的拓扑表示。单纯复形是由点、线段、三角形以及它们的 n 维对应物组成的集合。模糊拓扑意味着处于一个开放集不再是二进制的"是"或"否"，而是一个 0 到 1 之间的模糊值。对于点来说，在给定半径的球内的概率会随着远离球中心的运动而衰减。给定数据的一些低维表示，可以使用类似的过程在另一个方向（低维到高维）构建等效的拓扑表示。然后，UMAP 搜索与高维模糊拓扑结构最接近的数据的低维投影。

　　UMAP 遵循 t‑SNE 的原理，但具有许多改进，例如不同的成本函数以及缺少高维和低维概率的归一化。进一步的细节可以在论文[22]及其参考 Python 系统[21]中找到。

　　控制 UMAP 学习表示的两个主要超参数是 $n \_ neighbors$ 和 $min \_ dist$ [⑥]。使用 $n \_ neighbors$，可以通过限制局部邻域的大小来调整对数据中局部或全局结构的敏感性。低值对应于对精细结构的关注，可能会失去大局，而高值对应于更大的邻域，可能会错过精细结构。选择的最佳值取决于特定的数据结构和应用程序需要探测的理想范围（局部 vs 全局）。值可以从 0（局部）到数据的大小（全局）。$min \_ dist$ 规定了点如何打包在一起，提供了在低维表示中允许的点之间的最小距离。低值将导致更密集的嵌入，而较高的值将导致更稀疏的嵌入。

　　图 7‑3（a）显示了四个 ICA 权重系数的密度对比。这表明数据流形是一个略不对称的 4D 云，大部分数据集中在中心。图 7‑3（b）显示了上述两种超参数不同组合下 ICA 权重系数上的 UMAP 密度图。投影的数据拓扑遵循 4D 流形，具有高密度观测的中心核心和稀疏的外围区域。我们选择使用 $n \_ neighbors = 4\ 000$ 和 $min \_ dist = 0.99$。在我们的特定应用中，因为局部结构在任何层次上都不明显，所以唯一重要的结构是低维表示的整体形状，以及数据点相对于彼此的位置。

　　使用 UMAP 对 ICA 压缩后的数据集进行进一步的降维后，数据集的最终维数为 $[55\ 399 \times 2]$。

---

⑤　https：//umap‑learn. readthedocs. io/en/latest/how _ umap _ works. html.

⑥　The interactive tutorial "Understanding UMAP" give some insight in how the hyperparameters influence UMAP. See [5] and https：//pair‑code. github. io/understanding‑346umap.

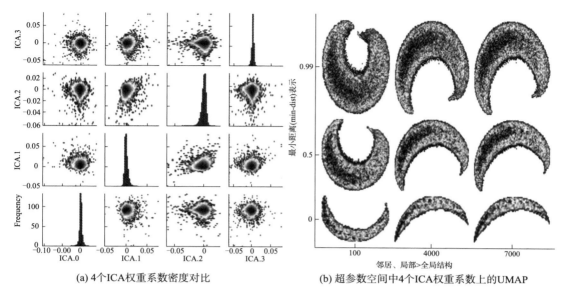

(a) 4个ICA权重系数密度对比　　(b) 超参数空间中4个ICA权重系数上的UMAP

图 7 - 3

7.4.3　聚类分析

在降低数据的维数之后，我们的最终目标是识别具有相似光谱性质的表面区域，我们可以用这些区域来进行地质解释。正如引言中所描述的，这是因为地质表面一般被划分为几个与地质分类学相关的类。

聚类分析包括一系列试图将相似的观察结果分组或聚类的技术。其思想是，属于一个聚类的观测结果比其他聚类中的观测结果更相似。在对数据进行聚类之前，我们首先通过减去平均值并将其缩放到单位方差来标准化数据。对于任何机器学习算法来说，这通常都是一个标准且必要的步骤。

K–均值聚类（K - means）是一种非常常用的聚类算法，计算效率较高，可用范围广。K - means 是一种矢量量化技术，其中观测值属于具有最近的均值（聚类中心或聚类中心）的聚类，作为聚类的原型。K - means 假设每个特征的分布方差是球形的，所有特征具有相似的方差，并且所有 k 个聚类的先验概率是相同的，即每个聚类具有大致相等数量的观察值。

另一类聚类算法被称为分层聚类算法，它通过先后合并或拆分来构建嵌套的聚类。分层聚类将更接近的点合并在一起，而不考虑最终的聚类平衡。聚类的层次表示为图 7 - 4 (d) 所示的树状图。最终的树有一个独特的聚类，该聚类包括在根部的所有样本和在叶子（树的底部）仅具有一个样本的聚类。分支长度代表子聚类之间的距离。小的间隙连接更多相似的聚类，大的间隙连接更多不同的聚类。聚类距离被计算为两个聚类的所有观测值之间的最大欧几里德距离。

我们选择凝聚聚类算法，因为它可以很容易地适应使用不同的距离度量，并直接产生整个聚类的树状表示（树状图）。它比 K -均值聚类算法计算量更大，但后者直接给出了一种判断正确聚类数的方法。

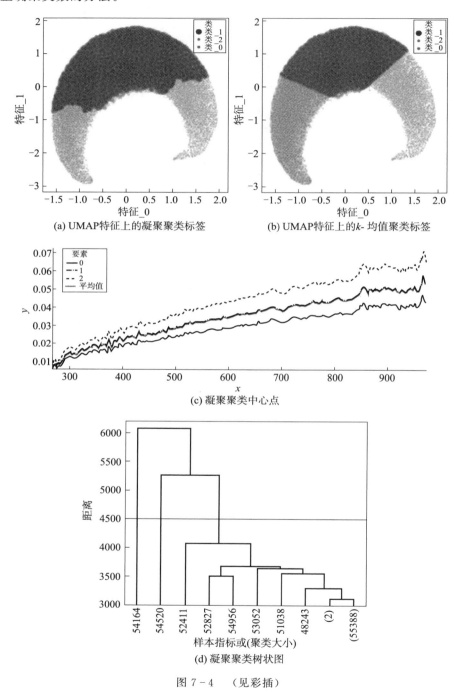

(a) UMAP特征上的凝聚聚类标签　　　　(b) UMAP特征上的k-均值聚类标签

(c) 凝聚聚类中心点

(d) 凝聚聚类树状图

图 7 - 4 　　（见彩插）

我们使用重构误差阈值来选择 k 的值，即聚类的数目。感兴趣的读者可以探索其他方

法，如使用每个样本的平均聚类内距离和平均最近聚类距离计算的轮廓得分[⑦]。图 7 - 4
（a）和 7 - 4（b）显示了使用凝聚聚类和 $k = 3$ 个簇的 K -均值聚类时，在 UMAP 嵌入空
间中的簇分配结果。

我们所描述的聚类方法只是现有聚类技术和方法中的一小部分，对于不同的数据集可
能会有更好的结果[32]。例如，当处理包含密度相似的聚类和低密度区域交织的数据时
（就像某些维度上的数据聚类加入了噪声），基于密度的带噪声应用空间聚类（DBSCAN）
可能会得到更好的结果。DBSCAN 分离高密度区域的核心样本，并从中扩展聚类。

7.4.4　结论

我们的分析结果是一组如图 7 - 5（a）所示的聚类图。这些图可以直接与模型（即表
面最高温度、粗糙度或年龄）进行比较，也可以与基于导论中描述的不同分析方法的专家
生成的图进行比较。图 7 - 5（b）显示了将数据拆分为 12 个聚类时定义的更精细的聚类。
其结构本质上与 3 个聚类的情况相同，表明这种缩减不会明显影响从聚类图中获得的信息
内容。北部红色聚类的空间分布与图 7 - 5（d）中绘制的较年轻的火山平滑平原的位置相
比较为有利。这些平原在水星上分布广泛，但更集中在北部和卡洛里斯撞击盆地（北纬
30.5°，西经 189.8°）周围，最有可能是由火山喷发形成的。平坦的平原比卡洛里斯盆地
年轻，因为这些地区的陨石坑密度较低[7]。在盆地本身的起源处发生撞击后，盆地底部被
地质上不同的平原所填充。

我们的工作结果是将表面分成三类或三个聚类，以捕捉用 MASCS 仪器测量的 VNIR
范围内水星的一些固有特性。

红色星团，图 7 - 5（a），集中在热极之外，暗示了热处理可能在修改表面光谱方面发
挥的作用。

这些类别的代表性光谱的差异主要在于光谱倾斜，即较长（红）波长与较短（蓝）波
长之间的比值，如图 7 - 4（c）所示。需要强调的是，这是水星 MASCS 光谱的一般性质。
它们没有显示出任何显著的吸收带，因此很难将光谱与已知的矿物组合相匹配。取大量光
谱的平均值，排除单个光谱特征，这一点就更加明显了。但情况并非总是如此，如
Bandfield 等人[1]确实在火星上发现了光谱类，并将它们与陆地玄武岩和安山岩组成联系
起来，大致与火星上的二分法和较老/较年轻的表面有关。

就水星而言，有几个因素在起作用。水星与太阳的 3：2 自旋轨道共振产生了图 7 - 5
（c）所示的特征表面温度分布，它映射了仅基于太阳照射的表面各点所达到的最高温度。
在 0°和 180°附近有两个热极。已知热加工使光谱向更高的红度倾斜，即更陡的光谱[19]。

太阳风照射也会使光谱变红，尽管关于这一主题的文献主要集中在铁含量较高的小行
星上，而水星表面的铁含量极低[28]。水星的反射光谱也极暗，有人提出增暗剂是无定
形碳[30]。

---

⑦　See for example "Selecting the number of clusters with silhouette analysis on KMeans clustering" https：//scikit - learn.
org/stable/auto _ examples/cluster/plot _ kmeans _ silhouette _ analysis. html.

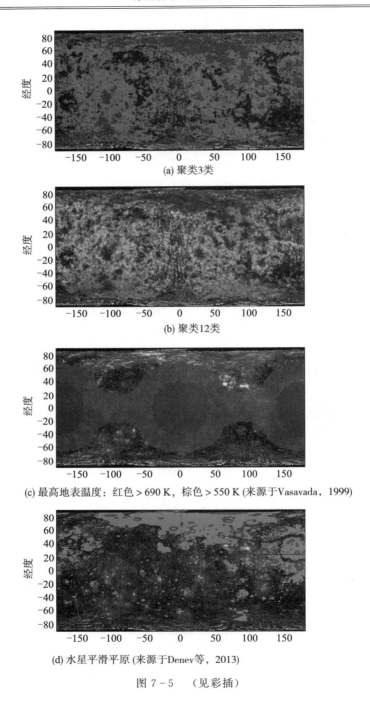

(a) 聚类3类

(b) 聚类12类

(c) 最高地表温度：红色 > 690 K，棕色 > 550 K (来源于Vasavada，1999)

(d) 水星平滑平原 (来源于Denev等，2013)

图 7 - 5　　(见彩插)

　　总而言之，降维、流形学习和聚类分析技术是探索大型未分类行星数据集的强大工具。我们提出的工作流程可以很容易地扩展到其他仪器数据，例如包括从 x 射线光谱仪（XRS）中提取的相同地理位置的化学成分数据[27,28]。虽然我们在这项研究中只关注了反射率数据，但数据融合技术可以进一步促进数据中发现科学有趣的模式，从而有助于理解来自单一仪器的数据无法揭示的复杂物理机制。

致　谢

　　本工作中使用的代码和数据可作为 Python Jupyter Notebook 在 github 公共存储库 messager‐mercury‐surface‐cassificationuned＿dlr8 中获得，该项目由欧盟的地平线 2020 研究和创新计划第 871149 号赠款协议资助。工作包"行星科学数据分析和利用的机器学习解决方案"雄心勃勃，旨在开发和实施一个可持续机器学习工具集，通过分析一组具有代表性的科学案例来满足行星科学界的需求。

参 考 文 献

[1] J. Bandfield，V. Hamilton，P. Christensen，A global view of Martian surface compositions from MGS – TES，Science 287（March）（2000）1626 – 1630，https：//doi. org/10. 1126/science. 287. 5458. 1626.

[2] S. Besse，A. Doressoundiram，J. Benkhoff，Spectroscopic properties of explosive volcanism within the Caloris basin with MESSENGER observations，Journal of GeophysicalResearch：Planets 120（12）（December 2015）2102 – 2117，https：//doi. org/10. 1002/2015JE004819，ISSN 21699097.

[3] P. Bland，Crater counting，Astronomy & Geophysics（ISSN 1366 – 8781）44（4）（August 2003）4. 21，https：//doi. org/10. 1046/j. 1468 – 4004. 2003. 44421. x.

[4] D. T. Blewett，N. L. Chabot，B. W. Denevi，C. M. Ernst，J. W. Head，N. R. Izenberg，S. L. Murchie，S. C. Solomon，L. R. Nittler，T. J. McCoy，Z. Xiao，D. M. H. Baker，C. I. Fassett，S. E. Braden，J. Oberst，F. Scholten，F. Preusker，D. M. Hurwitz，Hollows on Mercury：MESSENGER evidence for geologically recent volatile – related activity，Science（ISSN 0036 – 8075）333（6051）（Sep 2011）1856 – 1859，https：//doi. org/10. 1126/science. 1211681.

[5] A. Coenen，A. Pearce，Understanding UMAP，https：//pair – code. github. io/understanding – umap/，2019.

[6] B. W. Denevi，M. S. Robinson，D. T. Blewett，D. L. Domingue，J. W. Head III，T. J. Mc – Coy，R. L. McNutt Jr. ，S. L. Murchie，S. C. Solomon，MESSENGER global color observations：implications for the composition and evolution of Mercury's crust，in：Lunar and Planetary Science Conference，2009，pp. 1 – 2.

[7] B. W. Denevi，C. M. Ernst，H. M. Meyer，M. S. Robinson，S. L. Murchie，J. L. Whitten，J. W. Head，T. R. Watters，S. C. Solomon，L. R. Ostrach，C. R. Chapman，P. K. Byrne，C. Klimczak，P. N. Peplowski，The distribution and origin of smooth plains on Mercury，Journal of Geophysical Research：Planets 118（5）（May 2013）891 – 907，https：//doi. org/10. 1002/jgre. 20075，ISSN 21699097.

[8] P. D'Incecco，J. Helbert，M. D'Amore，A. Maturilli，J. W. J. Head，R. L. R. Klima，N. R. N. Izenberg，W. E. W. McClintock，H. Hiesinger，S. Ferrari，Shallow crustal composition of Mercury as revealed by spectral properties and geological units of two impact craters，Planetary and Space Science 119（2015）250 – 263，https：//doi. org/10. 1016/j. pss. 2015. 10. 007，ISSN 00320633.

[9] D. L. Domingue，M. D'Amore，S. Ferrari，J. Helbert，N. R. Izenberg，Analysis of the MESSENGER MASCS photometric targets part I：photometric standardization for examining spectral variability across Mercury's surface，Icarus（ISSN 0019 – 1035）319（February 2019）247 – 263，https：//doi. org/10. 1016/j. icarus. 2018. 07. 019.

[10] D. L. Domingue，M. D'Amore，S. Ferrari，J. Helbert，N. R. Izenberg，Analysis of the MESSENGER MASCS photometric targets part II：photometric variability between geomorphological units，Icarus（ISSN 0019 – 1035）319（February 2019）140 – 246，https：//doi. org/10. 1016/

j. icarus. 2018. 07. 018.

[11] D. L. Donoho, C. Grimes, Hessian eigenmaps: locally linear embedding techniques for high-dimensional data, Proceedings of the National Academy of Sciences 100 (10) (May 2003) 5591-5596, https://doi.org/10.1073/pnas.1031596100, ISSN 0027-8424, 1091-6490.

[12] K. E. Vander Kaaden, F. M. McCubbin, L. R. Nittler, P. N. Peplowski, S. Z. Weider, E. A. Frank, T. J. McCoy, Geochemistry, mineralogy, and petrology of boninitic and komatiitic rocks on the mercurian surface: insights into the mercurian mantle, Icarus (ISSN 0019-1035) 285 (March 2017) 155-168, https://doi.org/10.1016/j.icarus.2016.11.041.

[13] V. E. Hamilton, H. Y. McSween, B. Hapke, Mineralogy of Martian atmospheric dust inferred from thermal infrared spectra of aerosols, Journal of Geophysical Research (ISSN 0148-0227) 110 (E12) (2005) 1-11, https://doi.org/10.1029/2005JE002501.

[14] T. Hastie, R. Tibshirani, J. Friedman, The Elements of Statistical Learning: Data Mining, Inference, and Prediction, second edition, Springer Series in Statistics, Springer-Verlag, New York, ISBN 978-0-387-84857-0, 2009.

[15] J. Helbert, A. Maturilli, M. D'Amore, M. D'Amore, Visible and near-infrared reflectance spectra of thermally processed synthetic sulfides as a potential analog for the hollow forming materials on Mercury, Earth and Planetary Science Letters 369-370 (May 2013) 233-238, https://doi.org/10.1016/j.epsl.2013.03.045, ISSN 0012821X.

[16] A. Hyvärinen, E. Oja, Independent component analysis: algorithms and applications, Neural Networks (ISSN 0893-6080) 13 (4) (June 2000) 411-430, https://doi.org/10.1016/S0893-6080 (00) 00026-5.

[17] R. A. Kerr, Who can read the Martian clock?, Science 312 (5777) (May 2006) 1132-1133, https://doi.org/10.1126/science.312.5777.1132, ISSN 0036-8075, 1095-9203.

[18] J. A. Lee, M. Verleysen, Nonlinear Dimensionality Reduction, Information Science and Statistics, Springer-Verlag, New York, ISBN 978-0-387-39350-6, 2007.

[19] A. Maturilli, J. Helbert, J. St. John, J. Head, W. Vaughan, M. D'Amore, M. Gottschalk, S. Ferrari, Komatiites as Mercury surface analogues: spectral measurements at PEL, Earth and Planetary Science Letters 398 (2014), https://doi.org/10.1016/j.epsl.2014.04.035, ISSN 0012821X.

[20] W. E. McClintock, M. R. Lankton, TheMercury atmospheric and surface composition spectrometer for the MESSENGER mission, Space Science Reviews 131 (1-4) (2007) 481-521, https://doi.org/10.1007/s11214-007-9264-5, ISSN 00386308.

[21] L. McInnes, UMAP: uniform manifold approximation and projection for dimension reduction — umap 0.5 documentation, https://umap-learn.readthedocs.io/en/latest/index.html, 2018.

[22] L. McInnes, J. Healy, J. Melville, UMAP: uniform manifold approximation and projection for dimension reduction, arXiv:1802.03426 [cs, stat], September 2020.

[23] P.-Y. Meslin, O. Gasnault, O. Forni, S. Schröder, A. Cousin, G. Berger, S. M. Clegg, J. Lasue, S. Maurice, V. Sautter, S. L. Mouélic, R. C. Wiens, C. Fabre, W. Goetz, D. Bish, N. Mangold, B. Ehlmann, N. Lanza, A.-M. Harri, R. Anderson, E. Rampe, T. H. McConnochie, P. Pinet, D. Blaney, R. Léveillé, D. Archer, B. Barraclough, S. Bender, D. Blake, J. G. Blank, N. Bridges,

B. C. Clark，L. DeFlores，D. Delapp，G. Dromart，M. D. Dyar，M. Fisk，B. Gondet，J. Grotzinger，K. Herkenhoff，J. Johnson，J. - L. Lacour，Y. Langevin，L. Leshin，E. Lewin，M. B. Madsen，N. Melikechi，A. Mezzacappa，M. A. Mischna，J. E. Moores，H. Newsom，A. Ollila，R. Perez，N. Renno，J. - B. Sirven，R. Tokar，M. de la Torre，L. d'Uston，D. Vaniman，A. Yingst，M. S. Team，Soil diversity and hydration as observed by ChemCam at Gale crater，Mars，Science 341（6153）（September 2013），https：//doi. org/10. 1126/science. 1238670，ISSN 0036 - 8075，1095 - 9203.

[24]　O. Namur，B. Charlier，Silicate mineralogy at the surface of Mercury，Nature Geoscience（ISSN 1752 - 0908）10（1）（January 2017）9 - 13，https：//doi. org/10. 1038/ngeo2860.

[25]　NASA，PDS：PDS3 standards reference，https：//pds. nasa. gov/datastandards/pds3/standards/，2009.

[26]　C. D. Neish，D. T. Blewett，J. K. Harmon，E. I. Coman，J. T. Cahill，C. M. Ernst，A comparison of rayed craters on the moon and Mercury，Journal of Geophysical Research E：Planets 118（10）（2013）2247 - 2261，https：//doi. org/10. 1002/jgre. 20166，ISSN 01480227.

[27]　L. R. Nittler，R. D. Starr，S. Z. Weider，T. J. McCoy，W. V. Boynton，D. S. Ebel，C. M. Ernst，L. G. Evans，J. O. Goldsten，D. K. Hamara，D. J. Lawrence，R. L. McNutt，C. E. Schlemm，S. C. Solomon，A. L. Sprague，The major - element composition of Mercury's surface from MESSENGER X - ray spectrometry，Science（ISSN 0036 - 8075）333（6051）（September 2011）1847 - 1850，https：//doi. org/10. 1126/science. 1211567.

[28]　L. R. Nittler，E. A. Frank，S. Z. Weider，E. Crapster - Pregont，A. Vorburger，R. D. Starr，S. C. Solomon，Global major - element maps of Mercury from four years of MESSENGER X - ray spectrometer observations，Icarus（ISSN 0019 - 1035）（February 2020）113716，https：//doi. org/10. 1016/j. icarus. 2020. 113716.

[29]　S. Padovan，N. Tosi，A. - C. Plesa，T. Ruedas，Impact - induced changes in source depth and volume of magmatism on Mercury and their observational signatures，Nature Communications（ISSN 2041 - 1723）8（1）（December 2017）1945，https：//doi. org/10. 1038/s41467 - 017 - 01692 - 0.

[30]　P. N. Peplowski，R. L. Klima，D. J. Lawrence，C. M. Ernst，B. W. Denevi，E. A. Frank，J. O. Goldsten，S. L. Murchie，L. R. Nittler，S. C. Solomon，Remote sensing evidence for an ancient carbon -bearing crust on Mercury，Nature Geoscience（ISSN 1752 - 0894）9（4）（March 2016）273 - 276，https：//doi. org/10. 1038/ngeo2669.

[31]　S. T. Roweis，L. K. Saul，Nonlinear dimensionality reduction by locally linear embedding，Science 290（5500）（December 2000）2323 - 2326，https：//doi. org/10. 1126/science. 290. 5500. 2323，ISSN 0036 - 8075，1095 - 9203.

[32]　Rui Xu，D. Wunsch，Survey of clustering algorithms，IEEE Transactions on NeuralNetworks（ISSN 1941 - 0093）16（3）（May 2005）645 - 678，https：//doi. org/10. 1109/TNN. 2005. 845141.

[33]　A. Sprague，K. Donaldson Hanna，R. Kozlowski，J. Helbert，A. Maturilli，J. Warell，J. Hora，Spectral emissivity measurements of Mercury's surface indicateMg - and Ca - rich mineralogy，K - spar，Na - rich plagioclase，rutile，with possible perovskite，and garnet，Planetary and Space Science 57（3）（March 2009）364 - 383，https：//doi. org/10. 1016/j. pss. 2009. 01. 006，ISSN 00320633.

[34]　J. B. Tenenbaum，V. de Silva，J. C. Langford，A global geometric framework for nonlinear dimensionality reduction，Science 290（5500）（December 2000）2319 - 2323，https：//doi. org/

10. 1126/science. 290. 5500. 2319，ISSN 0036 - 8075，1095 - 9203.

[35]　L. van der Maaten，G. Hinton，Visualizing data using t - SNE，Journal of Machine Learning Research （ISSN 1533 - 7928）9（86）（2008）2579 - 2605.

[36]　A. Vasavada，Near - surface temperatures on Mercury and the Moon and the stability of polar ice deposits，Icarus 141（2）（October 1999）179 - 193，https：//doi. org/10. 1006/icar. 1999. 6175，ISSN 00191035.

[37]　F. Vilas，D. L. Domingue，J. Helbert，M. D'Amore，A. Maturilli，R. L. Klima，K. R. Stockstill - Cahill，S. L. Murchie，N. R. Izenberg，D. T. Blewett，W. M. Vaughan，J. W. Head，Mineralogical indicators of Mercury's hollows composition in MESSENGERcolor observations，Geophysical Research Letters 43（4）（February 2016）1450 - 1456，https：//doi. org/10. 1002/2015GL067515，ISSN 00948276.

第 8 章 绘制土星上的风暴图

Ingo P. Waldmann

伦敦大学学院，伦敦，英国

8.1 介绍

行星空间任务，如朱诺号、卡西尼-惠更斯号、火星侦察轨道器和金星快车号都产生了高质量的数据集，改变着我们对太阳系天体的理解。然而，在任务的整个生命周期内获得的大量数据阻碍了对每个光谱和每个空间像素进行详细的"手工"分析。行星大气的表征尤其如此。

迄今为止，太阳系中气态巨行星的大气分析通常通过两种方式完成：1）将特定光谱通道的光谱通量（I/F）与另一个光谱通道分开，以识别光谱特征的存在；2）在给定纬度/经度位置执行行星光谱的全辐射传输（RT）计算。这两种方法虽然互补，但都有明显的缺点。通过设计，I/F 方法只能提供大气特征存在的粗略估计，受到所用光谱带选择的限制，并且忽略了其他光谱区的重要信息。另一方面，完整的 RT 计算将提供关于大气组成的详细定量结果，但计算量非常大。这将经典的 RT 分析限制为行星上典型的大量经度/纬度点。因此，这两种技术都不适合准确识别和绘制大尺度大气特征，特别是在这些特征跨越多个数据集的情况下。

大量的行星科学数据有助于数据分析和模式识别的最新进展。在这个例子中，我们特别关注高光谱成像仪器，如卡西尼-惠更斯号上的可见光和红外绘图光谱仪（VIMS）、火星勘测轨道器上的紧凑型勘测成像光谱仪（CRISM）或金星快车上的 VIRTIS 仪器等。机器学习，特别是深度学习的使用是一个非常活跃的研究领域，并已成功应用于行星科学的各个领域[1-6]。类似地，近年来，用于商业土地使用分类的航空图像的高光谱图像分析已成为标准实践[7,8]。对于最近的评论，我们建议读者参考文献 [9]。

8.1.1 卡西尼-惠更斯号和氨云

为了说明本例，我们跟随 Waldmann 和 Griffith[10] 的研究，并关注卡西尼-惠更斯任务上的 VIMS 仪器获得的高光谱图像。卡西尼-惠更斯任务是美国国家航空航天局（NASA）/欧洲空间局（ESA）的土星系统航天器，截至 2017 年 9 月，它在土星系统上运行了 13 年。VIMS 仪器[11]是一个 2 通道绘图光谱仪，它通过 64×64 像素阵列获得空间分辨光谱。

一个有关土星的广为人知的谜团是土星上几乎完全没有氨云。云和气溶胶为研究气体巨行星的化学和物理过程提供了一个独特的视角。绘制和描述指示云结构和组成的光谱特征，能够了解行星的能量收支、化学和大气动力学[12-15]。贝恩斯等人[16]（以下简称 B09）公布了一次罕见的探测，即在土星南半球的黑暗风暴附近发现了新鲜的氨冷凝云。该风暴云呈倒"S"形，主要是通过数据的目视检查发现的，如图 8 - 1 所示。虽然在这个例子中是成功的，但这种方法将我们限制在最突出和最强大的特征上。问题是这一特征是一个孤立的案例，还是在其他地方的数据中存在未被发现的类似特征。

在这里，我们重新审视了 B09 提供的数据，并在我们的分析中使用了 VIMS 近红外通道，该通道跨越 256 个连续采样带通，范围为 0.85～5.1 μm，$\delta\lambda = 0.016\ \mu m$。因此，每个数据集的（或高光谱图像）尺寸为 $64 \times 64 \times 256$，总计有 4 096 个独立的光谱。

这些数据获取于 2008 年 2 月 9 日，可以通过包含"S"形氨冰特征的数据集 V1581233933 的行星数据系统①获得，以下称为训练数据集（TC）。

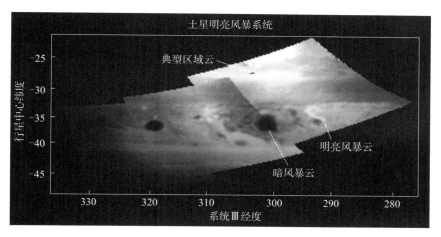

图 8 - 1　最初出版的土星南半球的黑暗风暴附近倒"S"形明亮风暴云特征[16]

8.2　探索性主成分分析

在着手进行更复杂的数据分析之前，对高光谱数据中存在的特征空间进行初步探索通常非常有用。最终目标是在土星的高光谱图像数据中识别并准确绘制不同类别的光谱聚类。如果数据中存在不同的谱类，它们将对数据集的方差有贡献，并且应该作为单独的主成分或独立成分可见。诸如主成分分析（PCA，Jolliffe[17]）之类的算法找到从相关的观测信号到一组不相关信号的线性变换。这样的线性变换总是可能的，并且很容易通过使用例如奇异值分解（SVDs）来实现。因此，如果数据中存在不相关和可分离的特征，则它们可以通过 PCA 在一定程度上分离为单独的成分[18]。在最近的分析中，Griffith 等人[19]已经表明，土卫六高光谱图像的 PCA 分析可以揭示隐藏在光谱噪声中的结构信息。

虽然基于 SVDs 的 PCA 是最容易实现的，且对于手头的数据集分析来说也足够快，

———————————

① https：//pds.nasa.gov.

但情况并非总是如此。由于大多数感兴趣的特征只包含在前几个主成分中，我们通常不需要计算完整的分解。诸如 Kernel - PCA[20] 的方法提供了仅计算顶部分量的更有效的手段。

通过执行简单的主成分分析，我们可以立即看到数据中存在明显分离的结构。在图 8-2 和 8-3 中，我们分别展示了 $0.88 \sim 1.66 \mu m$ 光谱区域和全波长范围的前四个主成分。这两张图都清楚地显示出图像右下角的暗圆形风暴特征周围存在着重要的结构。我们将这种扩展的结构归因于暗风暴周围的湍流风暴区域（SR），在图 8-3 的第二个组成部分中最为显著。暗风暴本身在第一个分量中最为突出，因此对图像的方差贡献最大。另一方面，"S" 形的氨冰特征（B09）在图 8-2 的第二到第四部分中清晰可见。在光谱学上，波长较短的区域能探测云的反照率，因此对高空大气变化最敏感。

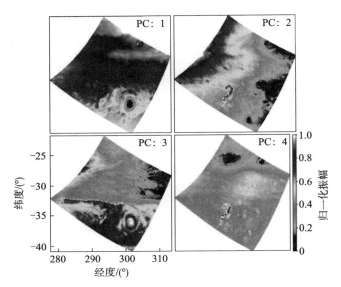

图 8-2　$0.88 \sim 1.66 \mu m$ 光谱区域主成分分析在空间分布图［图中显示的是前四个最强的主成分（PC）。PC 1 主要是黑暗风暴，为光谱图提供了最大的变化。第 2 ～ 4 组表示氨冰呈 S 形。为了清晰起见，每个主成分映射都被统一归一化］

在许多情况下，PCA 分析可以产生期望的结果并揭示数据的特征空间。在单个数据集的情况下，这可能确实足以作为探索性分析。然而，在多个数据集的情况下，可能难以直接比较 PCA 结果，因为基本特征和噪声属性可能随着数据集的不同而改变。在这里，训练一个神经网络来识别所需的特征集（我们的例子是使用氨冰特征），然后使用它在其他数据集中搜索类似的特征可能是有利的。在下一节中，我们将描述这种方法。

8.3　深度学习方法

正如初步的 PCA 分析证实的那样，我们的数据具有丰富的独特特征，我们现在可以建立神经网络，在数据中识别它们。

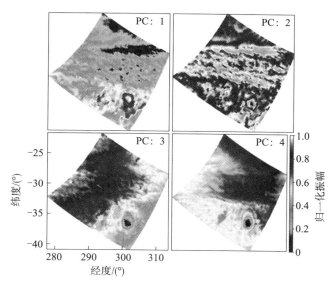

图 8-3　全波长范围仪器主成分分析空间分布图（暗风暴、延伸的 SR 特征和高空 CH_4 云清晰可见）

由 Waldmann 和 Griffith[10]②提出的神经网络方法，既考虑了相邻光谱之间的相关性，也考虑了平均像素图的空间相关性。通过分析光谱和空间信息，我们可以考虑土星大气特征的形态和光谱特征。换句话说，例如，一场暗风暴将具有相互关联的不同光谱和空间形态。通过包含这些空间-光谱相关性，神经网络将考虑所有可能的可用信息。最后，光谱和空间分支的输出都被馈送到一个完全连接的层，该层通过逻辑回归层链接到聚类标签。图 8-4 显示了整个网络的示意图。

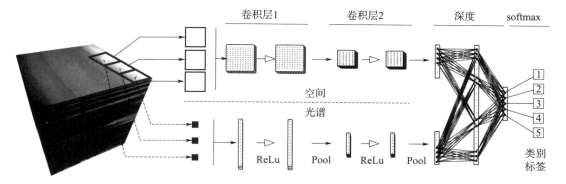

图 8-4　左：卡西尼/VIMS 数据集。蓝色点表示提取光谱的中心像素。红色正方形表示以中心光谱像素为中心的空间块。中间：两个用于光谱和空间信息的卷积层。请注意，这是一个并行单独分析。右：结合空间和谱卷积输出并将其映射到簇标签的全连接深度神经网络。白色和黑色箭头分别表示两个分支的 ReLu 和 Pool 层（见彩插）

②　Data and code are freely available at https：//github. com/ucl-exoplanets.

这种架构能够在没有基础物理/模型假设的情况下识别高光谱图像中的微弱特征，并且，一旦对给定特征进行训练，就能够在未见过的数据集中搜索它。更详细地说，该算法由两部分组成：1）预处理和谱聚类阶段，用于识别初始特征集合；2）双流深度卷积神经网络学习将特征集映射到未见数据。

8.3.1　预处理和预标记

每个 Cassini/VIMS 数据集由两个空间轴和一个光谱轴组成。数据集的空间维度为 64×64 像素和 256 个波长点。作为神经网络的输入，我们需要光谱/空间对。它们的生成过程如下：对于每个像素提取全光谱，即 $S=256$，其中 S 表示像素的光谱维数。围绕中心像素，我们还提取了空间信息。色斑大小由高度（H）和宽度（W）定义，我们后来确定为 21 个像素，即中心像素及围绕中心像素的 20 个像素。这里的空间补丁是所有波长上的平均值。在这种情况下，我们选择了平均图像，因为它更好地代表了由于风暴区域和周围更安静区域产生的变化。我们提取所有 4 096 个像素的空间/光谱对。请注意，空间补丁与相邻像素重叠，这意味着空间信息不止一次进入计算，但光谱信息不会。这确保可以充分地学习光谱和空间信息之间的相关性。

为了训练神经网络，我们必须获得标记数据。这可以通过两种方式获得：1）手工标记单个像素以标记主要特征；2）使用统计聚类算法以获得网络可以学习的估计标签。

在这里，我们在最初由 Baines 等人提出的数据集上使用谱聚类[16]，以获得 NH_3 特征。谱聚类[21]是一种适用于高维向量空间的通用聚类算法。与更传统的聚类算法（如 K-近邻或 K-均值）不同，谱聚类不依赖于单个聚类集的凸性（即，聚类分布不需要遵循凸形），并且可以识别高度非凸的聚类。类似地，DBSCAN[22]也可用于这些情况，并产生可比较的结果。对于谱聚类，我们遵循 Yu 和 Shi[23]，Ng 等人的研究[24]，并使用 SKLearn[25]实现。我们定义了对称图 Laplacian。

$$\boldsymbol{L}_{sym} = \boldsymbol{D}^{-1/2}\boldsymbol{L}\boldsymbol{D}^{-1/2} \tag{8-1}$$

式中，$L=D-A$，A 是邻接矩阵，D 是度矩阵。亲和矩阵的元素使用以下公式计算

$$a_{i,j} = \exp\left[-\frac{1}{2\sigma^2}d^2(\boldsymbol{x}_{\lambda,i},\boldsymbol{x}_{\lambda,j})\right] \tag{8-2}$$

式中，i，j 是数据的空间索引，d^2 是 L^2 范数或欧几里德距离，由下式给出

$$d_{i,j} = \sqrt{\sum(\boldsymbol{x}_i - \boldsymbol{x}_j)^2} \tag{8-3}$$

式中，σ 是距离 d 的标准偏差。度矩阵由下式给出

$$\boldsymbol{D} = \mathrm{diag}\left(\sum_j a_{i,j}\right) \tag{8-4}$$

一旦计算出图 Laplacian，我们将 L_{sym} 分解为其特征值和特征向量，并将它们从最小特征值到最大特征值进行排序，通过使用特征值启发式[26]来估计数据中可能存在的聚类数量。

$$N_{cluster} = \max(\epsilon_{i+1} - \epsilon_i) \quad (i=1,2,\cdots,N_\epsilon - 1) \tag{8-5}$$

这产生了五个不同的聚类。我们现在在特征向量的矩阵上使用 K-均值聚类来将数据

划分为 $N_{cluster}$ 个标记分区。这为我们提供了每个空间坐标（i，j）的训练标签。由于其相对较小的空间范围，除了内部风暴区域外，所产生的星团相对平衡。因为感兴趣的区域是周围有潜在氨上升流的区域，而不是地理上较小的内部风暴区域本身。我们不会减轻与内部风暴区域有关的等级不平衡。由于估计了这些聚类标签，因此聚类边缘中的一些不确定性可能持续存在。为了减轻聚类边缘的不确定性，我们修剪边缘并丢弃位于聚类边界上的任何像素。类似地，我们丢弃帧边缘像素以避免检测器边缘处的潜在附加噪声。换句话说，中心像素始终距离检测器边缘超过 21 个像素。最后，剩余的数据标签对被随机分成 70% 的训练集和 30% 的验证集，但要确保中心像素的训练集和验证集之间没有空间重叠。考虑到相对较小的数据集，我们允许中心像素周围的像素重叠。在较大的数据集中，可以避免任何重叠。

8.3.2　神经网络

神经网络（NN）包含两个分支，一是空间分支，二是光谱分支。光谱分支利用每个标记的频谱，使用 RELU 激活函数和两个池化层来训练两层 CNN。如前所述，围绕每个光谱，我们通过沿光谱轴多维平均光谱数据集来计算 21×21 空间图像。这是空间分支的输入，否则其遵循与频谱分支相同的 NN 架构，参见图 8-4。然后，两个 CNN 分支都连接到全连接层和训练的聚类标签。

卷积神经网络，也称为平移不变网络，是专门为图像分析而设计的。每个 CNN 层包含三个独立的阶段：卷积、非线性变换（RELU）和下采样（池化）。在卷积阶段，2D 图像与一组"滤波器函数"或核进行卷积。这些滤波器函数是在训练期间从数据中连续学习的，并提供到空间特征（例如边缘、斑点等）的分解。现在，我们将每个滤波器（计算点积）与输入图像进行卷积，以获得每个滤波器的激活图。在第二阶段中，我们对激活图应用非线性变换。现在的标准做法是使用整流器线性单元（RELU）或泄漏 RELU 作为 CNN 非线性。我们在这里使用经典的 RELU，其被给定为 $f(x) = \max(0, x)$，并且有效地去除了激活映射的所有负项，增加了变换的非线性。最后，我们对激活图的大小或"池"进行下采样。这里我们使用简单的 2×2 最大池，其中保留了 2×2 网格的最大值。现在对第二 CNN 层重复该过程。

这里介绍的 CNN 除了包含两个独立且同时处理空间和光谱数据流外，在所有方面都是经典的。由于光谱分支的内在相关性，我们选择了一维 CNN 结构，而不是只有全连接层。我们建议感兴趣的读者参考神经网络和 CNNS 的标准文献 [18,27,28]。神经网络已经在 Tensorflow 中实现 [29]。对其执行训练和后续分类的输入数据表示为

$$\boldsymbol{x} \in \mathbb{R}^{H \times W \times S} \tag{8-6}$$

式中，X 是维度 H、W 和 S 的张量，依次表示多维数据立方体的高度、宽度和光谱维度。这里我们分别用小写和大写的粗体字母来定义张量和矩阵。为了便于表示，我们将仅频谱输入数据定义为 $x_\lambda = x^s$，将仅空间输入数据定义为 $x_\phi = x^{(H \times W)}$。如图 8-4 所示，对于每个空间和频谱分支，CNN 都具有两个卷积和池化层（$l \in 1, 2, \cdots, L$）。这些可以定义

如下

$$\gamma_i^l = P_{\phi,\lambda} \Big[\sum_j^{N^{l-1}} \beta(\gamma_j^{l-1} \otimes w_{i,j}^l + b_i^l) \Big] \qquad (8-7)$$

式中，γ_i^l 是层 l 处的 CNN 输出，特征图 i 和 $P_{\phi,\lambda}$ 是池化算子。对于空间和光谱分支，γ_i^l 分别构成二维和三维张量（$\gamma_{\lambda,i}^l \in \mathbb{R}^{Sl \times Bl}$ 和 $\gamma_{\phi,i}^l \in \mathbb{R}^{Hl \times Wl \times Bl}$），其中 B 表示个体训练批量大小。γ_j^{l-1} 是前一层的特征图，并且 $w_{i,j}^l$ 是大小为 K^l 的卷积核，$\otimes$ 表示线性卷积。我们将偏差定义为 b_i^l，并注意 $\gamma^0 = x$。激活函数 β 被定义为线性整流器（RELU）单元，并且最大合并已用于层和分支。

在两个卷积层之后，空间分支和光谱分支被组合起来，形成一个全连接网络的输入。我们将神经网络的全连接部分定义如下

$$z = \beta\{ \boldsymbol{W}^c \cdot \beta[\boldsymbol{W}^{c-1} \cdot (\gamma_\phi^L \odot \gamma_\lambda^L) + \boldsymbol{b}^{c-1}] + \boldsymbol{b}^c \} \qquad (8-8)$$

其中，表示 γ_ϕ^L 和 γ_λ^L 的级联，即最终卷积层的输出。全连通层指数由 $c(c \in 1, 2, 3, \cdots)$ 给出，W 和 b 分别是权重矩阵和偏置。每层神经元的数量由超参数 M^c 定义。为简单起见，我们将自由参数的集合称为 $\vartheta = \{\boldsymbol{W}^l, b^l, \boldsymbol{W}^c, b^c\}$。

最后，我们使用 softmax 回归层将 Z 映射到我们的训练标签 θ。为了训练，我们现将系统的交叉熵最小化。

$$Cost = -\frac{1}{n} \sum [\theta \ln(a) + (1-\theta)\ln(1-a)] \qquad (8-9)$$

其中，n 是训练数据的总数（或批次大小），θ 是训练标签的向量，$a = \zeta(z)$，其中 $\zeta(\cdot)$ 是一个 sigmoid 激活函数。

8.3.3　训练与超参数优化

神经网络以每次 100 个空间/光谱对的小批量训练进行 20 000 次迭代。我们只在训练集上训练，并使用验证集作为看不见的数据来检查网络对新数据的泛化能力，并衡量所有过拟合。过拟合通常在具有降低的交叉熵但静态或降低的验证精度的系统中被观察到。为了缓解过拟合，我们在所有自由变量 υ 中采用 30% 的退出率[33]以及相对较慢的 0.001 的学习率。我们发现，通常在 15 000 个训练步骤或更少的训练步骤中观察到交叉熵收敛，并且交叉熵单调递减，测试和验证集的精度增加，这表明良好的收敛性和无过拟合。使用 6 核 Intel Xeon E5（3.5 GHz）CPU 进行训练需要 60 分钟，使用 NVIDIA. Tesla K40 GPU 进行训练需要 5 分钟。

为了优化神经网络的规模，我们运行了一个包含 1000 个超参数集的网格。我们将超参数定义为：围绕中心像素空间斑块的大小（图 8-4，H 和 W 中的红色正方形）、空间和频谱分支特征图的数量（N_ϕ^l 和 N_λ^l）、核大小（K_ϕ^l 和 K_λ^l）、下采样池大小（P_ϕ 和 P_λ）以及全连接网络的层大小（M^c）。在超参数优化过程中，我们使用验证损失作为度量。我们定义 21×21 像素（H，W）的对称正方形作为输入，即有效地围绕中心像素的 20×20 像素。我们进一步分别为第一层和第二层的空间和频谱分支定义 $N^1 = 15$ 和 $N^2 = 40$ 特征图。对于空间和光谱分支，两层的核大小分别为 $K_\phi^l = 4 \times 4$ 和 $K_\lambda^l = 4 \times 1$。我们使

用因子 2 下采样，合并大小 $P_\phi = 2 \times 2$，$P_\lambda = 2 \times 1$，步幅长度为 2。我们在表 8 - 1 中总结了超参数优化期间的超参数值及其范围。

表 8 - 1 神经网络超参数及其优化范围总结

超参数	值	范围
H, W	21, 21	3~50
N^1, N^2	15, 40	3~50
K_λ^1, K_ϕ^1	$4 \times 1, 4 \times 4$	1~10
P_ϕ, P_λ	$2 \times 2, 2 \times 1$	1~10
M^1, M^2	1 024, 10	10~2 048

8.3.4 分类验证

一旦训练完成，在训练多维数据集（Training Cube，简称 TC）上研究训练和预测的准确性是非常重要的。训练前将 TC 细分为 70％训练数据和 30％测试数据。在训练过程中，测试数据不会显示给算法，而是用于独立验证分类的准确性，并提供针对过度训练的诊断。在过度训练的情况下，训练集的分类准确率会在训练期间稳步提高，而测试集的准确率则保持不变或下降。在这种情况下，神经网络是在记忆训练集，而不是学习如何泛化。图 8 - 5 显示了训练（1 号线）和测试（2 号线）准确度作为训练持续时间的函数。两条曲线都是单调递增的，没有显示出过拟合的迹象。训练集和验证集达到了约 95％和约 90％的分类精度。此外，图 8 - 5 显示了训练过程中神经网络的交叉熵（损失函数）。

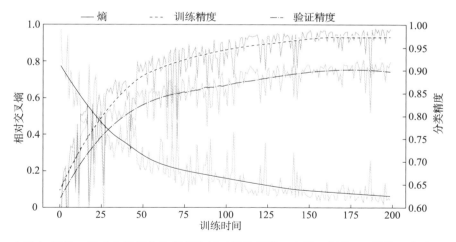

图 8 - 5 左轴/3 号线：相对交叉熵作为训练持续时间的函数；右轴：训练（1 号线）和验证（2 号线）设置精度作为训练时间的函数；粗线表示平滑后的平均值

在训练完神经网络后，我们通过在一个之前从未见过的测试集上测试 NN 来进一步验证分类精度。测试集由一个重新采样的"合成"数据集组成，我们将此数据集称为重新采样训练多维数据集（Re - sampled Training Cube，RTC）。RTC 是通过对多维训练数据集重新采样产生的，这样可以保持数据的统计特性，但对于 NN 来说表现为新的、看不见的数据。在缺乏明确的基本事实标签的情况下，我们测试了神经网络的鲁棒性，以在重新采样数据后识别原始标签集。因此，它测试了 NN 的相对鲁棒性，而不是真实分类精度。在通过手工标记或其他方式存在标记数据的情况下，我们建议将这些标签用作测试数据。

首先，根据谱聚类得到的标签对 TC 进行划分。按照前面的表示法，我们将与标签有关的 TC 数据称为 x_θ，其中 θ 是标签的索引。在每个标签子集中，我们对 x_θ 的每个元素的顺序进行随机化，以打破数据中任何紧密的空间连接。现在，我们在空间 $x_{\theta,\phi}$ 和光谱 $x_{\theta,\lambda}$ 维度上对每个训练集进行重新采样。对于空间维度，我们对 $x_{\theta,\phi}$ 进行转置，相当于 90° 旋转。这种旋转保留了数据的基本属性，但对 NN 来说是新的、看不见的数据。将 $x_{\theta,\lambda}$ 中各元素的光谱信息替换为 RTC 中相邻两元素光谱的平均值。假设 RTC 中所有的光谱位置都是随机的，则新生成的谱将有效地从聚类的分布中采样。

现在运行 NN 以使用光谱和空间信息，并使用光谱或空间信息来检测 RTC 上的聚类标签。图 8-6 显示了空间和光谱数据的 RTC 分类。左边显示的是"地面实况"标签，中间是神经网络预测的标签，右边是未分类像素的误差矩阵。神经网络在测试数据上达到了 93% 的分类精度，这与训练/验证数据的分类精度一致。我们现在通过分别设置 $x_{\theta,\lambda}=0$ 和 $x_{\theta,\phi}=0$ 来运行仅空间和仅光谱情况的分类。这导致神经网络的聚类标签识别非常差（分别为 48% 和 32%）。然而，我们注意到，对于在空间和光谱对上训练的模型，这是可以预期的。抑制一半的网络信息会导致错误的预测。因此，如果用户想要使用，例如，仅用于他们的分类的光谱数据，则应该在仅光谱数据上重新训练 NN。

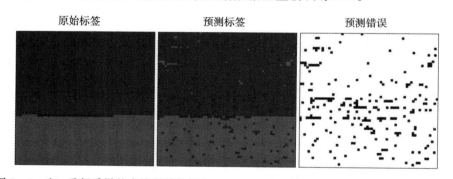

原始标签　　　　　　　　预测标签　　　　　　　　预测错误

图 8-6　左：重新采样的多维训练数据集（RTC）；中：神经网络预测标签，94% 的像素被正确识别；右：错误矩阵，显示错误识别的像素

8.4　土星特征图

我们将我们的算法应用于训练数据集，在其中我们识别出五个清晰可区分的空间/光谱特征聚类。这些与 PCA 方差分析大体一致。

图 8-7 的左侧是 TC 的空间范围和光谱特征图，右侧是识别出的 5 个光谱聚类的光谱特征。这里，蓝色区域对应于围绕中心暗风暴（紫色/绿色）的大风暴区域（SR），标签 1

表示 "S" 特征的中心。

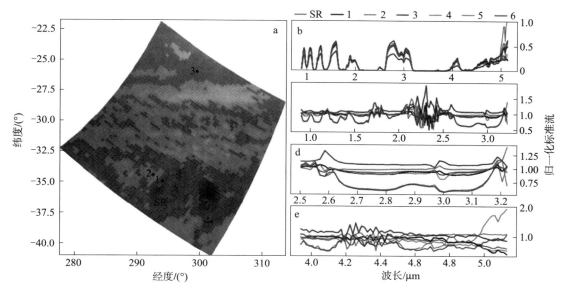

图 8-7　子图 a：卡西尼/VIMS 数据集 V1581233933 的地图，根据神经网络识别的 5 个不同聚类（SR，2，3，5，6）着色。子图 b：地图上标记位置的大气光谱。SR 光谱和标签对应于地图上蓝色指定区域的平均光谱。子图 c、d 和 e：与子图 b 相同，但为清晰起见，减去了地图的平均频谱（见彩插）

　　每个星团通过其吸收和散射特征来区分，表明云的结构和气体成分。最显著的是围绕暗风暴特征的区域（蓝色区域，在此称为 SR）与未受干扰的区域（红色/橙色）之间的光谱差异，以及黑风暴的独特特征（紫色/绿色）。图 8-7 中的光谱 1 和光谱 4 是属于 SR 区域的光谱示例。我们发现，不受风暴影响的区域（例如光谱 2 和 3）在 1~2 μm 处显示出最亮的反照率（图 8-7）。在这些波长下，充分混合的 CH4 波段受到云的调节影像，云的亮度表明气溶胶很高。相比之下，风暴特征周围的区域（蓝色）在 1~2 μm 处较暗，这表明云较低，或者更有可能的是，考虑到 SR 区域的巨大范围，这些云在光谱上较暗，如 B09 所假设的。这一解释表明，蓝色区域包含了当前和先前的风暴，这些风暴被较低反照率的上升流物质变暗。

　　这些特征中最亮的部分在扩展风暴区域内（图 8-7 中的光谱 1），呈现 "S" 特征，与卡西尼的无线电和等离子体波科学（RPWS）仪器在 2008 年 2 月 9 日测量的放电 B09 的位置相吻合[30-32]。我们发现 "S" 特征是众所周知的更大上升流区域的 "冰山一角"。

　　一旦在高光谱数据集上进行训练，神经网络允许我们快速准确地在多个异构数据集上绘制显著的光谱区域，跨越地球的大区域。尽管到目前为止我们的分析主要集中在训练数据集上，但我们现在使用神经网络来映射一个更大的区域，包括五个其他数据的数据集，这些数据集包含原始风暴以及两个向东的较小风暴。如图 8-8 和 8-9 所示，我们检测到了 SR 特征的存在，显著超出了 B09 最初报告的空间覆盖范围。此外，我们还发现了东部（42°W）较小的暗风暴周围的风暴区域的类似空间/光谱特征，这表明土星上的暗风暴周围普遍存在上升流区域。

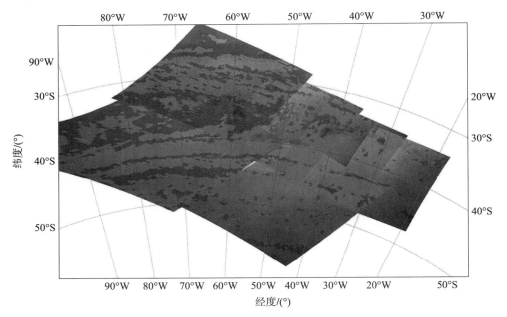

图 8-8　神经网络在六个重叠数据集中映射的云分布

与图 8-7 相同。很明显，SR 特征［蓝色 J 发生在暗风暴附近（见彩插）

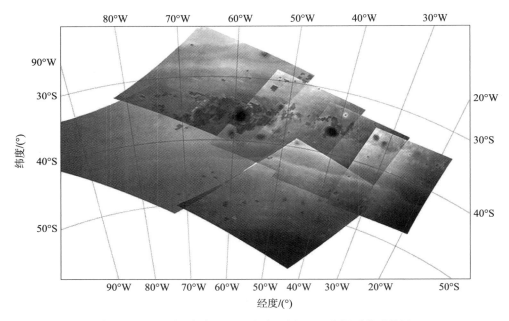

图 8-9　与图 8-8 相同，但仅适用于文中及图 8-7 中提到的"暴风区"（SR）

参 考 文 献

［1］ H. R. Kerner, K. L. Wagstaff, B. D. Bue, P. C. Gray, J. F. Bell, H. Ben Amor, Toward generalized change detection on planetary surfaces with convolutional autoencoders and transfer learning, IEEE Journal of Selected Topics in Applied Earth Observations and Remote Sensing 12 (10) (2019) 3900 – 3918.

［2］ Kiri Wagstaff, You Lu, Alice Stanboli, Kevin Grimes, Thamme Gowda, Jordan Padams, Deep Mars: Cnn classification of Mars imagery for the pds imaging atlas, in: Proceedings of the Thirtieth Annual Conference on Innovative Applications of Artificial Intelligence, 2018, https://www.aaai.org/ocs/index.php/AAAI/AAAI18/paper/view/16040.

［3］ V. T. Bickel, C. Lanaras, A. Manconi, S. Loew, U. Mall, Automated detection of lunar rockfalls using a convolutional neural network, IEEE Transactions on Geoscience and Remote Sensing 57 (6) (2019) 3501 – 3511.

［4］ Alistair Francis, Panagiotis Sidiropoulos, Jan – Peter Muller, Cloudfcn: accurate and robust cloud detection for satellite imagery with deep learning, Remote Sensing (ISSN 2072 – 4292) 11 (19) (2019), https://doi.org/10.3390/rs11192312.

［5］ Hannah R. Kerner, Kiri L. Wagstaff, Brian D. Bue, Danika F. Wellington, Samantha Jacob, Paul Horton, James F. Bell, Chiman Kwan, Hani Ben Amor, Comparison of novelty detection methods for multispectral images in rover – based planetary exploration missions, Data Mining and Knowledge Discovery (ISSN 1384 – 5810) (2020), https://doi.org/10.1007/s10618 – 020 – 00697 – 6.

［6］ A. M. Saranathan, M. Parente, Adversarial feature learning for improved mineral mapping in CRISM images, in: Lunar and Planetary Science Conference, March 2019, p. 2698.

［7］ Hao Wu, Saurabh Prasad, Convolutional recurrent neural networks for hyperspectral data classification, Remote Sensing (ISSN 2072 – 4292) 9 (3) (2017), https://doi.org/10.3390/rs9030298.

［8］ J. Yang, Y. Zhao, J. C. W. Chan, C. Yi, Hyperspectral image classification using twochannel deep convolutional neural network, in: 2016 IEEE International Geoscience and Remote Sensing Symposium (IGARSS), July 2016, pp. 5079 – 5082.

［9］ X. X. Zhu, D. Tuia, L. Mou, G. S. Xia, L. Zhang, F. Xu, F. Fraundorfer, Deep learning in remote sensing: a comprehensive review and list of resources, IEEE Geoscience and Remote Sensing Magazine (ISSN 2473 – 2397) 5 (4) (Dec 2017) 8 – 36, https://doi.org/10.1109/MGRS.2017.2762307.

［10］ I. P. Waldmann, C. A. Griffith, Mapping Saturn using deep learning, Nature Astronomy 3 (Apr 2019) 620 – 625, https://doi.org/10.1038/s41550 – 019 – 0753 – 8.

［11］ R. H. Brown, K. H. Baines, G. Bellucci, J. – P. Bibring, B. J. Buratti, F. Capaccioni, P. Cerroni, R. N. Clark, A. Coradini, D. P. Cruikshank, P. Drossart, V. Formisano, R. Jaumann, Y. Langevin, D. L. Matson, T. B. McCord, V. Mennella, E. Miller, R. M. Nelson, P. D. Nicholson, B. Sicardy,

C. Sotin, The Cassini visual and infrared mapping spectrometer (Vims) investigation, SSR 115 (December 2004) 111 - 168, https://doi. org/10. 1007/s11214 - 004 - 1453 - x.

[12] T. Fouchet, T. K. Greathouse, A. Spiga, L. N. Fletcher, S. Guerlet, J. Leconte, G. S. Orton, Stratospheric aftermath of the 2010 Storm on Saturn as observed by the TEXES instrument. I. Temperature structure, Icarus 277 (October 2016) 196 - 214, https://doi. org/10. 1016/j. icarus. 2016. 04. 030.

[13] L. N. Fletcher, B. E. Hesman, P. G. J. Irwin, K. H. Baines, T. W. Momary, A. Sanchez - Lavega, F. M. Flasar, P. L. Read, G. S. Orton, A. Simon - Miller, R. Hueso, G. L. Bjoraker, A. Mamoutkine, T. del Rio - Gaztelurrutia, J. M. Gomez, B. Buratti, R. N. Clark, P. D. Nicholson, C. Sotin, Thermal structure and dynamics of Saturn's northern springtime disturbance, Science 332 (June 2011) 1413, https://doi. org/10. 1126/science. 1204774.

[14] J. K. Barstow, P. G. J. Irwin, L. N. Fletcher, R. S. Giles, C. Merlet, Probing Saturn's tropospheric cloud with Cassini/VIMS, Icarus 271 (June 2016) 400 - 417, https://doi. org/10. 1016/j. icarus. 2016. 01. 013.

[15] A. Sánchez - Lavega, E. García - Melendo, S. Pérez - Hoyos, R. Hueso, M. H. Wong, A. Simon, J. F. Sanz - Requena, A. Antuñano, N. Barrado - Izagirre, I. Garate - Lopez, J. F. Rojas, T. Del Río - Gaztelurrutia, J. M. Gómez - Forrellad, I. de Pater, L. Li, T. Barry, An enduring rapidly moving storm as a guide to Saturn's Equatorial jet's complex structure, Nature Communications 7 (November 2016) 13262, https://doi. org/10. 1038/ncomms13262.

[16] K. H. Baines, M. L. Delitsky, T. W. Momary, R. H. Brown, B. J. Buratti, R. N. Clark, P. D. Nicholson, Storm clouds on Saturn: lightning - induced chemistry and associated materials consistent with Cassini/VIMS spectra, Planetary and Space Science 57 (December 2009) 1650 - 1658, https://doi. org/10. 1016/j. pss. 2009. 06. 025.

[17] Ian Jolliffe, Principal Component Analysis, Springer Verlag, New York, 2002.

[18] Christopher M. Bishop, Pattern Recognition and Machine Learning (Information Science and Statistics), Springer - Verlag New York, Inc., Secaucus, NJ, USA, ISBN 0387310738, 2006.

[19] Caitlin A. Griffith, Paulo F. Penteado, Jake D. Turner, Catherine D. Neish, Giuseppe Mitri, Nicholas J. Montiel, Ashley Schoenfeld, Rosaly M. C. Lopes, A corridor of exposed ice - rich bedrock across Titan's tropical region, Nature Astronomy 3 (Apr 2019) 642 - 648, https://doi. org/10. 1038/s41550 - 019 - 0756 - 5.

[20] Bernhard Schoelkopf, Alexander J. Smola, Klaus - Robert Mueller, Kernel principal component analysis, in: Advances in Kernel Methods, MIT Press, Cambridge, MA, USA, 1999, pp. 327 - 352.

[21] S. X. Yu, J. Shi, Multiclass spectral clustering, in: Proceedings Ninth IEEE International Conference on Computer Vision, vol. 1, Oct 2003, pp. 313 - 319.

[22] Martin Ester, Hans - Peter Kriegel, Jörg Sander, Xiaowei Xu, A density - based algorithm for discovering clusters in large spatial databases with noise, in: KDD'96: Proceedings of the Second International Conference on Knowledge Discovery and Data Mining, AAAI Press, 1996, pp. 226 - 231.

[23] Stella X. Yu, Jianbo Shi, Multiclass spectral clustering, in: Proceedings of the Ninth IEEE International Conference on Computer Vision, vol. 2, ICCV'03, Washington, DC, USA, IEEE Computer Society, ISBN 0 - 7695 - 1950 - 4, 2003, p. 313, http://dl. acm. org/citation. cfm? id

=946247. 946658.

[24] Andrew Y. Ng, Michael I. Jordan, Yair Weiss, On spectral clustering: analysis and an algorithm, in: Advances in Neural Information Processing Systems, MIT Press, 2001, pp. 849 - 856.

[25] F. Pedregosa, G. Varoquaux, A. Gramfort, V. Michel, B. Thirion, O. Grisel, M. Blondel, P. Prettenhofer, R. Weiss, V. Dubourg, J. Vanderplas, A. Passos, D. Cournapeau, M. Brucher, M. Perrot, E. Duchesnay, Scikit - learn: machine learning in Python, Journal of Machine Learning Research 12 (2011) 2825 - 2830.

[26] Ulrike Luxburg, A tutorial on spectral clustering, Statistics and Computing (ISSN 0960 - 3174) 17 (4) (December 2007) 395 - 416, https: //doi. org/10. 1007/s11222 - 007 - 9033 - z.

[27] Yoshua Bengio, Learning Deep Architectures for AI, vol. 2, Now Publishers Inc, 2009.

[28] Ian Goodfellow, Yoshua Bengio, Aaron Courville, Deep Learning, MIT Press, 2016, http: // www. deeplearningbook. org.

[29] Martín Abadi, Ashish Agarwal, Paul Barham, Eugene Brevdo, Zhifeng Chen, Craig Citro, Greg S. Corrado, Andy Davis, Jeffrey Dean, Matthieu Devin, Sanjay Ghemawat, Ian Goodfellow, Andrew Harp, Geoffrey Irving, Michael Isard, Yangqing Jia, Rafal Jozefowicz, Lukasz Kaiser, Manjunath Kudlur, Josh Levenberg, Dandelion Mané, Rajat Monga, Sherry Moore, Derek Murray, Chris Olah, Mike Schuster, Jonathon Shlens, Benoit Steiner, Ilya Sutskever, Kunal Talwar, Paul Tucker, Vincent Vanhoucke, Vijay Vasudevan, Fernanda Viégas, Oriol Vinyals, Pete Warden, Martin Wattenberg, Martin Wicke, Yuan Yu, Xiaoqiang Zheng, TensorFlow: large - scale machine learning on heterogeneous systems, https: //www. tensorflow. org/, 2015, Software available from tensorflow. org.

[30] D. A. Gurnett, W. S. Kurth, G. B. Hospodarsky, A. M. Persoon, T. F. Averkamp, B. Cecconi, A. Lecacheux, P. Zarka, P. Canu, N. Cornilleau - Wehrlin, P. Galopeau, A. Roux, C. Harvey, P. Louarn, R. Bostrom, G. Gustafsson, J. E. Wahlund, M. D. Desch, W. M. Farrell, M. L. Kaiser, K. Goetz, P. J. Kellogg, G. Fischer, H. P. Ladreiter, H. Rucker, H. Alleyne, A. Pedersen, Radio and plasma wave observations at Saturn from Cassini's approach and first orbit, Science 307 (February 2005) 1255 - 1259, https: //doi. org/10. 1126/science. 1105356.

[31] G. Fischer, W. S. Kurth, U. A. Dyudina, M. L. Kaiser, P. Zarka, A. Lecacheux, A. P. Ingersoll, D. A. Gurnett, Analysis of a giant lightning storm on Saturn, Icarus 190 (October 2007) 528 - 544, https: //doi. org/10. 1016/j. icarus. 2007. 04. 002.

[32] Georg Fischer, Donald A. Gurnett, William S. Kurth, Ferzan Akalin, Philippe Zarka, Ulyana A. Dyudina, William M. Farrell, Michael L. Kaiser, Atmospheric electricity at Saturn, SSR 137 (June 2008) 271 - 285, https: //doi. org/10. 1007/s11214 - 008 - 9370 - z.

[33] Nitish Srivastava, Geoffrey Hinton, Alex Krizhevsky, Ilya Sutskever, Ruslan Salakhutdinov, Dropout: a simple way to prevent neural networks from overfitting, Journal of Machine Learning Research (ISSN 1532 - 4435) 15 (1) (January 2014) 1929 - 1958, https: //www. cs. toronto. edu/~ rsalakhu/papers/srivastava14a. pdf.

第 9 章 行星漫游车的机器学习

Masahiro Ono[a]，Brandon Rothrock[a]，Yumi Iwashita[a]，Shoya Higa[a]，
Virisha Timmaraju[a]，Sami Sahnoune[a]，Dicong Qiu[b,a]，Tanvir Islam[a]，
Annie Didier[a]，Christopher Laporte[a]，Deegan Atha[a]，Vivian Sun[a]，
Kyohei Otsu[a]，Mike Paton[a]，Olivier Lamarre[c,a]，Shreyansh Daftry[a]，
R. Michael Swan[a]，Adam Stambouli[a]，Flynn Chen[d,a]，Bhavin Shah[a]，
Kathryn Stack[a]，and Chris Mattman[a]

[a]加利福尼亚理工学院喷气推进实验室，帕萨迪纳，加利福尼亚州，美国
[b]卡内基梅隆大学，匹兹堡，宾夕法尼亚州，美国
[c]多伦多大学，多伦多，安大略省，加拿大
[d]耶鲁大学，纽黑文，康涅狄格州，美国

9.1 简介

显著增强未来火星车任务的星上自主性是当前的迫切需要。例如，有一个雄心勃勃的名为"无畏号"（Intrepid）的漫游车任务概念（图 9 - 1 左），其目标是在 4 年内行驶 1 800 km，覆盖 40 多亿年的地质记录[2]。"无畏号"的常规操作包括在 50 小时内穿越约 20 km，到达下一个感兴趣的科学区域。虽然 NASA 最新的火星漫游车"毅力号"（图 9 - 1 右）以 4.2 cm/s 或 150 m/h 速度自动驾驶的距离可达数百米/火星日，但"无畏号"漫游车需要将人类干预之间的平均距离延长到 6～16 km。另一个例子是，火星体系结构战略工作组的一份报告确定的高优先级任务要素包括：1）可负担得起成本的移动地质探测器，用于描述各种可居住环境的特征；2）原位中纬度冰层采样；3）原位极地层沉积气候记录测定，可以利用流动性在数千公里的穿越中检查暴露层[1]。喷气推进实验室（JPL）的一项研究表明，火星漫游车每地球年的行程超过 100 km 是可能的，这将使在一次任务中访问多个地质类型的地点成为可能。更快的驾驶速度将需要从根本上改变目前严重依赖于接地回路过程的行星探测车操作模式，反过来也需要更可靠和"类人"的自动驾驶能力。

更快的驾驶也将以更快的速度产生数据，而火星-地球的通信能力仍然受物理定律以及中继轨道飞行器和深空网络可用性的限制。例如，当"毅力号"使用视觉里程计驾驶时，每隔 1 米拍摄一对单色导航摄像头图像并存储在车上。在下行采样后，会在 100 米驱动器上产生约 135 MB 的数据。然而，由于星际通信中的带宽限制，只有导航图像的子采样集被下行链接，并且由于机载存储的限制，未发送的图像最终被擦除，即使"毅力号"每 SOL 仅驱动几百米。现代数据密集型仪器，如高光谱成像仪和地面穿透雷达，可以很容易地产生比灰度导航图像大几个数量级的图像。在这种不平衡的数据生产和传输速率

图 9 - 1　左："无畏号"漫游车的艺术概念（NASA/JPL - Caltech）；右：美 NASA
"毅力号"火星探测器（NASA/JPL - Caltech/MSSS）

下，漫游车必须丢弃大量数据，从而可能失去科学机会。事实上，现有的和过去的火星漫
游车已经有了许多偶然的发现，这些发现在高速驾驶任务[3]中可能会被错过。例如，机遇
号在马杰维克丘意外发现的箱状特征（图 9 - 2 左）证明那里的水是中性水而不是酸性
水[4]。好奇号在 SOL 640 中命名为"黎巴嫩"的铁陨石是另一个偶然发现。快速行驶的漫
游车可能会经过这些科学特征，而不会被地面操作人员注意到，因为在遇到这些特征时，
快速行驶的漫长游车并没有收到采集图像的命令，或者由于通信容量的限制，图像没有下
行链路。

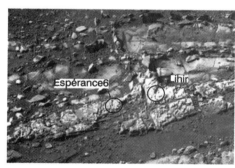

图 9 - 2　左：机遇号发现的 Matijevic Hill 中性水的证据（箱状特征）；右：好奇号发现
的"黎巴嫩"铁陨石（这些都是偶然发现的例子，如果没有对现场的解释，高速探测器可能
会错过这些发现；图片由 NASA/加利福尼亚理工学院喷气推进实验室提供）

　　总而言之，未来的漫游车任务将需要在不错过科学机会的情况下行驶更长的距离，这
就需要更高水平的机载自主分析能力。为此，喷气推进实验室（JPL）的基于机器学习的
漫游车系统分析（MAARS）项目开发了采用现代机器学习方法进行基于视觉的可穿越性
评估的能力，用于安全导航和科学场景解析。该项目尤为侧重以下两个功能。

　　（1）风险和资源感知型 AutoNav

　　AutoNav 指对火星探测漫游车传统自动驾驶能力的可穿越性评估[5]，它完全依赖于立体视觉。例如，图 9‑3 显示了机遇号漫游车拍摄的导航相机（NavCam）图像，以及通过立体视觉从机载图像中获得的地形地貌。请注意，两种主要地形类别（基岩和沙地）之间的区别在地形表示中不存在。与 AutoNav 不同，人类漫游车使用原始图像中的语义信息来评估表面可通行性的各种因素，如滑动、下沉和驱动能量。同样，机载语义信息解释将使漫游车在自主规划路径时能够将地形类型、岩石危险和车轮滑移等额外风险因素纳入考量。结合使用机器学习的机载数据解释，这也将使未来的漫游车能够规划具有不同目标的远程路径，如科学增益最大化，同时提高安全水平。这些能力被统称为风险和资源感知型 AutoNav，我们将在 9.2 节中进行详细介绍。

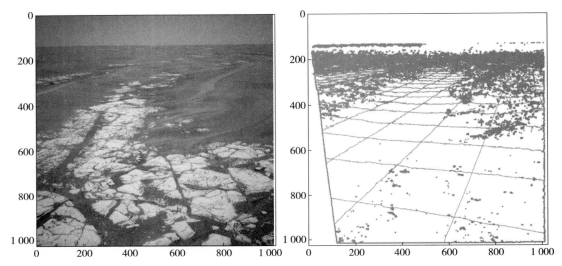

图 9‑3　机遇号探测器在 Sol 809 上拍摄的导航相机图像：左为原始图像，右为同一图像创建的地形网格（图片由 NASA/加利福尼亚理工学院喷气推进实验室提供）

（2）科学驾驶（Drive‑By Science，DBS）

正如我们上面提到的，漫游车在自动驾驶时每隔一米左右就会拍摄导航图像，而这些图像通常并不能完全下传。如果探测器上的算法能够分析这些图像，寻找出具有科学意义的特征，那么探测器将能够避免错过偶然的科学发现。因此，我们设想了科学驾驶（DBS）功能，该功能能够分析数据，特别是能分析驾驶时获取的图像，使地面科学家能够发现有趣的科学特征，并在不中断驾驶的情况下有选择地下传相关数据。

我们有多重实现科学驾驶的方法。首先，可以使用机器学习来提取收集到的数据的紧凑表示，例如特征向量或图像标题，它们可以用作下行链路的数据摘要。或者，地面科学家可以向漫游车的机载数据库发送查询，通过关键字或样本图像（即图像相似性搜索）指定他们正在寻找的数据类型。此外，它将允许火星车自主规划路径、选择活动，并瞄准仪器，以显著减少地面在回路的循环次数来实现规定的科学目标。我们将在 9.3 节详细解释科学驾驶功能。

这两种功能都由多个算法组件组成。图 9‑4 显示了 MAARS 系统的整体构成。在本章的提示中，9.2 节和 9.3 节将分别提供风险和资源感知型 AutoNav 及科学驾驶功能的概述，以及其算法组件的高级描述。然后，9.5 节将通过介绍正在进行的和未来将要开展的工作来结束本章。

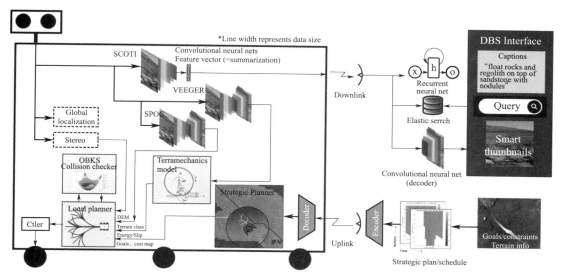

图 9 - 4　　MAARS 系统的整体组成（由第 9.2 节和 9.3 节所述的多个算法组件组成）

9.2　风险和资源感知型 AutoNav

9.2.1　概述

　　MAARS 的局部路径规划能力由几个新的和现有的算法结合而成。在感知方面，土壤属性和对象分类（SPOC）地形分类器[6]利用基于深度学习的分割网络来预测地形类型，特别是识别无法通过立体视觉进行几何识别的沙害。同样，虽然可以从立体视觉中识别和避免大型岩石，但难以识别可能导致车轮损坏的小型嵌入岩石，以及在立体视觉无法分辨的更远范围内的较大岩石危险。为了解决这一问题，我们提出了一种融合几何立体和基于单目模型语义视觉的岩石检测方法。最后，我们提出了一种名为 VeeGer[22]的驱动能量预测算法，该算法结合了地形分类和障碍物检测。资源感知来自 VeeGer 算法，估算的能量使用量被用作路径规划成本函数的一部分。

　　在路径规划方面，我们将一个标准的树规划器与碰撞检查相结合。用户可以从以下三种碰撞检测算法中选择：1）ACE（近似运动学设置）[8]，火星 2020 漫游车使用该算法进行碰撞检查；2）称为 p - ACE[9]的 ACE 概率扩展；3）基于优化的运动学解决方案（OBKS）。

9.2.2　地形分类

　　地形一直是火星探测器的主要风险来源。例如，勇气号火星探测器在 2009 年被埋在沙子中后结束了任务。机遇号被困在一个被称为"炼狱沙丘"的地方，花了六周时间才逃脱（图 9-5 左）。好奇号在平均坡度仅为 4 度的"隐谷"沙面上经历了过度滑动（图 9-5 右）。但是，目前的火星漫游车仍缺乏识别像沙子这样非几何危险的机载能力。

获得火星探测器的滑动预测模型是一项具有挑战性的任务。通常，有两种滑动预测方法。一种方法基于物理学，使用地面力学计算车轮和土壤之间的机械力和扭矩。但是，这种方法需要确定土壤参数，如粘聚力和摩擦角[10]，这是极具挑战性的。这种方法将在 9.2.4 节中介绍。另一种方法基于经验，即根据过去的驱动数据，通过回归估计滑动、坡度角和地形类型之间的关系。由于缺乏足够的驱动数据，这种方法不能在地面任务的早期阶段使用。火星探测漫游者（MER）等过去漫游车任务的数据无法使用，因为漫游车的大小和质量存在显著差异，而且着陆点之间的土壤特性也存在差异。

图 9-5　沙坑一直是火星探测车面临的主要风险：左图为 SOL 461，机遇号在"炼狱沙丘"的情景（2005 年 5 月 11 日）；右图为 SOL 712，好奇号在"隐谷"的情景（2014 年 8 月 7 日），图片由 NASA/加利福尼亚理工学院喷气推进实验室提供

因此，好奇号火星车的滑动预测主要是通过地球上实验[11]获得的模型进行的。该模型由三个函数组成，分别对应三种不同的地形类型：砂土、粘性土和基岩。对于每种地形类型，该函数给出了作为坡度角函数的滑移率的预估值。从过去和正在进行的漫游车任务中可以获得大量的驾驶数据。例如，好奇号火星车运行的前四年记录了大约 8 000 次打滑，这是通过车轮里程计和视觉里程计之间的差异检测到的。然而，回归需要地形类型的知识，这只能从图像中识别。手动识别数千个样本的地形类型是不现实的。

我们开发了土壤属性和对象分类模型（SPOC），从而实现了从漫游车的导航相机（NavCam）图像中自动标记地形类别，并且能够从现场移动数据中生成经验滑动预测模型。

SPOC 模型架构源自"DeepLab"[12]，这是一种全卷积分割模型。SPOC 早期版本的网络前端使用了 VGG 架构[13]，修改后使用了扩张卷积[14]。这些专门的卷积在不增加滤波器尺寸的情况下有效地增加了滤波器的接受场。最新版本的 SPOC 使用带有 ResNet-101 后端的 Deeplabv3+，在 ImageNet[15-17]上进行预训练。该网络使用标准反向传播和随机梯度下降进行训练，并在现代桌面端 GPU 上进行 6 小时的训练。最新的模型由公民科学家[19]标注的 160 K 标签进行训练，并对漫游车规划者和科学家标注的 1 K 专家标签进行测试。总体像素精度为 96.67％（类别的加权平均值）。表 9‑1 显示了混淆矩阵。图 9‑6 显示了来自好奇号的 NavCam 图像的样本结果。表面图像的推断完全可以在不到 200 ms 的时间内在 GPU 内处理。在 Jetson 的 TX2 上处理 513×513 图像的时间与未来高性能航天器计算的时间[18]相当，与其他并行运行的 MAARS 算法一起，处理时间不到 1 秒。参考文献[6、7]中报告了有关 SPOC 和其他结果的更多详细信息。

表 9‑1　由公民科学家标注的 160 K 标签训练的 SPOC 模型的混淆矩阵（矩阵中的值通过 JPL 专家创建的 3 标签一致性测试集计算得出，总体准确率为 96.67％）

		预测			
		土壤	基岩	沙	大块岩石
实际	土壤	99.10	0.32	0.57	0.01
	基岩	3.64	94.90	0.37	1.09
	沙	0.88	5.62	93.45	0.05
	大块岩石	6.76	0	0	93.24

Soil　　Sand　　Bedrock

图 9‑6　"毅力号"火星车导航相机图像上的 SPOC 地形分类器代表性结果
（图片由 NASA/加利福尼亚理工学院喷气推进实验室提供）

9.2.3 岩石灾害探测

基于立体视觉的挑战之一是无法解决小障碍，如可能导致车轮损坏的尖锐嵌入岩块[20]。随着与漫游车距离的增加，解析这些结构变得越来越困难。我们解决这个问题的方法结合了使用几何立体视觉和使用基于卷积实例的分割模型的单目算法。整个系统被设计为在语义上识别 3D 中的危险岩石，以及根据距局部地平面的高度来识别它们的大小。首先从漫游车操作自动化的角度进行研究，以支持改进地面上的路径规划，最终目标是将这种能力转换到漫游车上。

单目岩石灾害检测算法基于 MaskRCNN[21]。该算法能够检测独特的岩石并划分它们的边界，该检测器需要在两种模式下运行。第一种利用 Navcam 图像，捕捉近场导航进行，同时也是 MSL 的灰度化。第二种使用桅杆摄像机图像，捕捉远场进行科学研究，并且采用 RGB 颜色。

这两种模式都利用 Navcam 系统的立体数据作为输入。为了训练这个系统，我们对来自 MSL 的历史 Navcam 和桅杆摄像机图像集合中的岩石进行了手工注释。由于岩石的丰度、大小和尺度变化使得很难完全标记图像中的所有岩石，我们修改了 Mask - RCNN 的损失函数，这样任何未标记的区域都将被认为是未知的，并且不会反向传播。因此，只有明确标记背景的区域才会影响网络中的权重。在训练过程中，如果区域建议与背景区域重叠超过阈值，则将其视为背景。如果所提出的区域在未知区域中，则在反向传播期间忽略该区域。

对于 NavCam 检测器，可使用单个单目灰度图像来检测和分割岩石。然后，通过使用分割区域内的立体数据来估计岩石的大小。要找到区域的高度，可旋转所有立体点，使曲面区域的斜率为零。旋转之后，通过区域周围圆柱体内的最大和最小高度值之间的差确定高度。NavCam 图像上的检测结果样本如图 9-7 所示。

图 9-7　左为原始 Navcam 图像，右为岩石探测叠加层（图片由 NASA/加利福尼亚理工学院喷气推进实验室提供）

对于桅杆相机探测器，密集立体不常见，因此需要不同的高度预估方法。对于这种算法，要搜索分割的岩石，从而寻找像素高度值的最大差异。这个像素高度可以通过具有已知范围的相机转换为世界帧高度得出，该范围是通过在分割区域和周围区域内搜索稀疏立体瞄准点找到的。桅杆摄像机检测示例如图 9 - 8 所示。

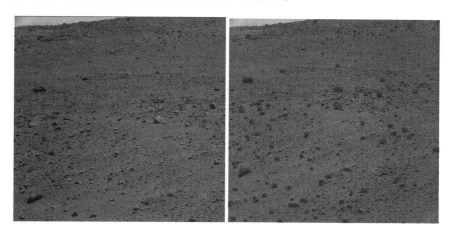

图 9 - 8　　左为 Mastcam 原始图像，右为岩石探测叠加层（图片由 NASA/加利福尼亚理工学院喷气推进实验室提供）

9.2.4　基于视觉的滑移和驱动能量预测

虽然火星漫游车的现有路径规划器（如 AutoNav 及其后继者增强型 AutoNav）只是最大限度地缩短了到达目标的路径长度或预测驾驶时间，但人类漫游车规划者们考虑了一组更丰富的指标来规划路径。预测滑移是一个尤为重要的指标，因为它在最佳的情况下会导致定位精度下降，在最坏的情况下会导致车辆损失。如果漫游车是太阳能驱动的，那么驱动能量是另一个重要的考虑因素。

对图像中的语义信息进行机载处理，使漫游车能够以更人性化的方式规划路径，同时考虑滑动和驱动能量。为此，我们开发了一种基于视觉的算法，使用机器学习[22]来自主预测打滑和驾驶能耗。我们开发并比较了两个机器学习模型：VeeGer - EnergyNet 和 VeeGer - TerramechanicsNet。前者是直接从输入图像预测驱动能量的端到端黑箱模型，而后者是基于半模型的方法，其中 ML 模式预估了描述地形属性的中间参数，这些参数被输入到简化的地球力学模型中，从而计算驱动能量。滑动预测作为副产品推导而出。两个模型都可以用自监督学习进行训练。

两种模型都以 RGB 图像和距离图像作为输入，如图 9 - 9（b）所示。我们使用经过改进的 PNASNet - 5[23]来合成两个输入。图 9 - 9 显示了通过 Veeger - TerramechanicsNet 进行预测的示例结果。训练和测试数据是在喷气推进实验室的火星场收集的，使用的是六轮雅典娜测试漫游车。两种方法的比较表明，Veeger - TerramechanicsNet 的性能优于 VeeGer - EnergyNet。实验细节描述可在参考文献［22］中查看。

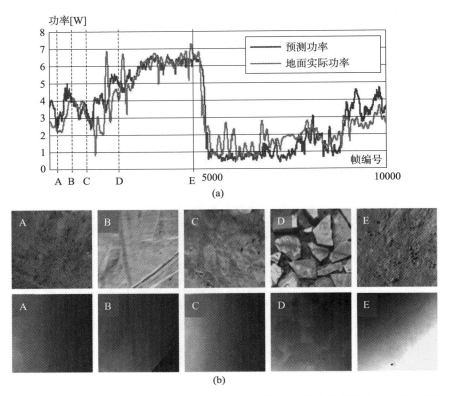

图 9 - 9　　（a）根据 Veeger - TerramechanicsNet 预计算地面力学参数估计的能量消耗，

（b）在（a）中 A - E 时刻的 RGB 图像（顶部原始）和深度图像（底部）（图片由 NASA/

加利福尼亚理工学院喷气推进实验室提供）

　　在 Veeger - TerramechanicsNet 中，ML 模型将图像作为输入并预测中间变量，其中包含反映地形特征的地表力学参数，简化的地面力学模型将地面力学参数和观测坡度映射到驱动能量预测中。为了创建一个训练数据集，我们解决了从火星场收集的驱动器数据预测地面力学参数的逆向问题，因此不需要手动标记。逆向问题被表述为以下约束优化，其中车轮载荷是基于简化的地面力学模型和预估的车轮载荷平衡来计算的。

$$\min_{k_{normal},n,k_{shear},z_s,z_d} \left[(1 - F_z/W)^2 + (1 - M_\gamma/T)^2 \right]$$

$$\text{s. t.}\quad 0.0 \leqslant k_{normal} \leqslant 9.0e^5$$

$$0.1 \leqslant n \leqslant 1.0$$

$$0.0 \leqslant k_{shear} \leqslant 1.0 \qquad\qquad (9-1)$$

$$1e^{-4} \leqslant z_s \leqslant 2(r + h)/3$$

$$0.0 \leqslant z_d \leqslant 0.001\,5$$

式中，W、T、F_z、M_y 分别为估算车轮载荷、实测车轮扭矩、计算车轮载荷、基于简化地面力学模型计算车轮扭矩。此外，将 k_{normal}、n、k_{shear}、z_s、z_d 等参数简化后可用于计算 F_z 和 M_y。有关 VeeGer 的更多详细信息，请参阅参考文献 [22]。

9.3　科学驾驶

9.3.1　概述

　　科学驾驶的目标是自主选择数据的子集，例如在漫游者驾驶时收集的图像，这样就不会遗漏有科学价值的特征。下选图像的数量受到火星车下行链路带宽的限制。科学价值的概念当然是难以客观界定的；我们的方法将其描述为一个经过训练的模型产生的综合相关性得分，以根据任务科学家为给定计划期提供的规范来选择图像。本规范使用的相关地质词汇以自然语言提供。我们提出了一个名为 SCOTI（Scientific Captioning of Terrain Images）的模型，它可以自动生成火星表面图像的说明，并根据火星地质学家的专家注释进行训练。我们还结合了在提取的图像特征上使用距离度量来指定图像相似性的能力，这也可以用作图像多样性的度量。说明和相似性模型被打包到一个基于内容的搜索系统中，该系统是科学家如何与漫游车互动的主要接口。科学家可以提供一组文本查询、相似性示例、多样性标准和过滤器等，来确定他们期望在下一个规划周期中具有科学意义的图像。然后将该规范上传到漫游车，漫游车自动向下选择在给定驾驶期间拍摄的一组图像。

9.3.2　SCOTI：地形图像的科学说明

　　SCOTI 将图像作为输入，并输出解释图像地质内容的英语句子。它建立在"Show，Attend，and Tell"模型之上[24]，该模型是一种基于注意力的图像说明生成模型。使用具有随机梯度下降的标准反向传播技术，使用自适应学习率算法（RMSProp[25] 和 Adam[26]）来训练该模型。该模型的编码器部分使用卷积神经网络从图像中提取一组特征向量，也称为注释向量。解码器部分使用长短期记忆（LSTM）网络，该网络通过在上下文向量以及先前的隐藏状态的条件下顺序生成单词来产生字幕说明。在 ImageNet[17] 上预训练的 VGG19[13] 被用作特征提取器。我们使用 BLEU 评分[27] 来衡量专家说明配文和预测说明配文之间的相似性。这些分数被用作优化我们的正则化策略和模型架构的度量。LSTM 网络是从零开始训练的，由专业的地质学家创建了 1000 个图像标题，在验证集上获得了 0.85 的 BLEU - 4 评分。SCOTI 的样本输出如图 9 - 10 所示。

　　SCOTI 实现了"星际谷歌图像搜索"概念（图 9 - 11）。与互联网上的搜索引擎一样，用户（即地面科学家）不需要下载所有数据进行分析；相反，他们表达了对自然语言文字的兴趣，这些文字被上传到火星车上，只有数据相关才会被返回地球。将机载数据库中来自 SCOTI 的字幕与查询词进行比较，以确定数据优先级。或者，SCOTI 可以用作数据汇总功能，地面科学家使用下行链接的标题来决定哪些图像应该以全分辨率下行链接。还有一个地面应用：目前，科学家需要手动检查数以万计的漫游车图像，以找到具有特定地质特征的图像，如矿脉、矿物结核、交错层等。SCOTI 允许他们通过类似于互联网上的基于文本的搜索来查找感兴趣的图像。

沉积基岩覆盖浅色基岩　　漫游车机械臂在断裂的　　具有平面和交错层状与　　交错状基岩露出沙子
和风化层　　　　　　　　沉积岩上　　　　　　　　脉状的沉积基岩

砾岩近景　　　　漫游车在风化层和基岩上　　岩石露出地面，被沙丘包围　　层状地层前的深色沙丘
　　　　　　　　的自拍照

图 9-10　来自 SCOTI 的样本输出，生成描述给定图像的自然语言句子
（图片由 NASA/加利福尼亚理工学院喷气推进实验室提供）

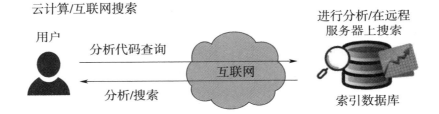

图 9-11　"星际谷歌图像搜索"概念

9.3.3　图像相似性搜索

我们还开发了图像相似性搜索功能，该功能会返回一个与用户提供的查询图像在语义上相似的图像列表。通过从 SCOTI（Conv5_3）的 VGG19 图像编码部分提取中间层，并使用余弦距离度量将该特征向量与其他图像的特征向量进行比较，找到最相似或最不相似（在新搜索的情况下）的图像。

像 SCOTI 一样，这种功能可用于机载数据优先排序和地面数据搜索。对于机载应用，首先将查询图像转换为特征向量，该特征向量在数据大小方面要小得多。将上行的特征向量与机载图像的特征向量进行比较，可以确定优先级排序。基于地面的相似性搜索为快速找到图像数据集中感兴趣的图像提供了另一种的方式。

9.3.4　DBS 接口

为了使任何科学家或漫游车操作员能够与所有 DBS 功能进行交互，我们设计了一个 Web 应用程序原型（图 9-12），它为 MSL 探索火星表面实现了一个类似谷歌地图的搜索界面。首先，用户可以对 SCOTI 生成的图像标题执行文本搜索，之后可在分页的侧栏通过显示图片、生成的标题和其他相关元数据来显示查询结果。此外，当前页面上的地理位置结果由轨道卫星图像上的 PIN 码标记，而所有结果的地理分布则使用动态热图进行可视化。如果用户对特定地理区域感兴趣，则绘图工具允许他们指定感兴趣的区域，并且仅在这些区域内搜索和查看结果。我们还集成了图像相似搜索功能。一旦选择了图像，只需点击按钮，用户就可以看到以与文本查询结果相同的方式显示的类似图像。最终，通过一个集中的用户友好应用程序来提供这些功能，可以极大地帮助科学家充分利用大量的火星图像，从而做出更快、更明智的决策。

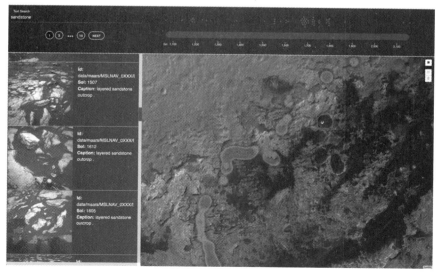

图 9-12　原型 DBS 接口（允许科学家通过关键字或图像相似性对探测器图像进行搜索，图片由 NASA/加利福尼亚理工学院喷气推进实验室提供）

9.3.5　科学家的 DBS 实验

为了测试我们的科学驾驶（DBS）能力，我们进行了一次"模拟科学任务"，要求四名科学家使用 DBS 能力执行科学任务。我们将受试者置于模拟概念漫游车任务场景中，漫游车收集了更多可以发送的图像。受试者通过使用 DBS 工具向下选择图像，最大限度地提高给定任务中科学解释的准确性。

9.3.5.1　方法

实验按以下步骤进行。我们准备了一个数据集，其中包含从几个 sols 范围内采样的100 个 MSL NavCam 图像。假设由于数据容量的原因，整个数据集中只有 16 个图像可以向下链接。

首先，要求每个受试者以下列三种方式之一选择 16 幅图像进行下行传输：1）随机选择（受试者没有选择）；2）通过机载 DBS 进行选择，受试者上行传输一组关键词，DBS算法返回 16 幅最相关的图像；3）通过 DBS 进行地面选择，受试者基于自动生成的说明字幕和缩略图选择 16 幅图像。这里所做的假设是，尽管漫游车不能发送回所有的原始图像，但所有图像的标题和缩略图都有足够的大小可以向下链接。

接下来，要求每个受试者使用 16 个下行链接图像，执行以问卷形式给出的科学任务。

然后，向受试者提供完整的数据集。

最后，每个受试者被要求在完整数据集上执行相同的科学任务。

我们观察了在看到完整数据集之前和之后科学解释的变化。如果变化很小，则表明下行采样的数据集正确地代表了完整的数据集。我们用不同的数据集将这个实验重复了三次。

9.3.5.2　任务

通过一份调查问卷，我们认识到不同的科学家有不同的研究重点，因此可能关注不同的特征。科学家可能会根据他们是否专门从事这一特定领域的专业知识而对相同的数据作出不同的解释，而图像数据集中的限制又加剧了解释上的差异（即当图像在空间范围上受到限制并且分辨率相对粗糙时，解释上存在更多的不确定性）。因此，我们提出了一组简单的科学解释问题，以衡量受试者将如何解释同一图像集中所呈现的岩石的沉积和成岩历史，此外，我们还提出了第二组问题，询问他们认为哪种测试场景在科学上最有用以及原因。

9.3.5.3　结果

由于样本量较小，不同场景返回的受试者、sol 范围和图像子集的可变性较大，因此很难量化每个场景中解释的性能和准确性。例如，与有限数据集相比，受试者在查看每个场景的完整数据集时有不同的解释，这表明他们的研究背景存在差异。观看相同 sol 范围的图像但处于不同测试场景的受试者也会对图像作出不同的解释，这种差异是预料之中的，因为不同场景返回了该 sol 范围内图像的不同子集。图 9 - 13 是对实验中收集的半量化问题的总结。同样，由于样本量较小，无法从该实验中得出明确结论。虽然实验是有意义的，因为我们可以验证工具和实验方法，但下一步显然是扩大实验规模，并收集具有统计意义的样本数量。当被问及他们更喜欢哪种场景时，大多数受试者选择了场景 4（选择他们自己的图像进行下行传输的选项），这可能代表了科学家将数据选择和分析过程置于他们的控制之下的偏好。这一结果表明，机载数据分类应该以一种侵入性较小的方式进行，将尽可能多的控制权留给地面科学家。

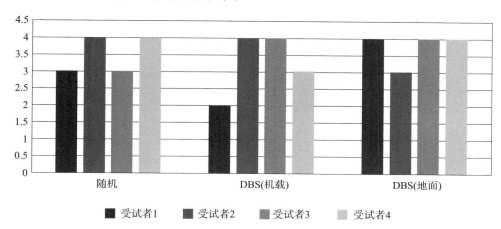

图 9-13 测试对象对一个问题的回答："你认为有限的数据集能够公平代表完整的数据集吗？这能够使你回答有关主要沉积环境和次要过程的问题吗？"

9.4 测试漫游车演示

最后，为了演示上述功能，我们使用测试漫游车在模拟现场进行了一系列测试。我们已经在喷气推进实验室的雅典娜测试漫游车上部署了本章中介绍的算法，该漫游车有两个 Jetson TX2、立体相机和所有现有火星漫游车使用的摇杆—转向架悬挂系统上的六个轮子。软件组件用 C++和 Python 实现，并与机器人操作系统（ROS）集成。测试是在阿罗约塞科（Arroyo Seco）进行的，这是一条紧挨着喷气推进实验室（JPL）的河床，大部分季节都是干涸的。图 9-15 显示雅典娜漫游车在阿罗约塞科的测试区域。漫游车的障碍物包括大型岩石、植被、碎片和动物粪便，这些障碍物由 SPOC 地形分类器识别，SPOC 地形分类器由试验场的标记图像训练。

测试于 2020 年 8 月至 9 月进行。阿罗约测试地点作为"火星"，而"地球"上的操作人员位于远程位置，并通过互联网与漫游车互动。雅典娜探测车在 2 Hz 频率下使用 SPOC 地形分类器（9.2.2 节），在 1 Hz 频率下使用 VeeGer 的驾驶成本评估（9.2.4 节），以 10 cm／s 的速度完全自主行驶了约 500 m。如图 9-14 所示，所有导航图像均通过 SCOTI（9.3.2 节）以 0.5 Hz 进行实时处理，并以 2 Hz 进行图像相似性搜索的特征提取。来自 SCOTI 的图像、图像说明和提取的特征以每 5 s 一次的频率发送到亚马逊网络服务（AWS）服务器上的数据库，该数据库模拟机载数据库。远程位置的操作员使用 DBS

接口（9.3.4 节）实时发送他们感兴趣的查询和提取的图像。所有的算法都以规定的速度运行，漫游车成功地完成了自主驾驶。

图 9 - 14　2020 年 9 月在阿罗约塞科进行的漫游者测试的 SPOC 和 VeeGer 可视化屏幕截图

9.5　结论与未来工作

我们已经开发、制作原型并演示了许多有前途的方法来利用机器学习，特别是深度神经网络，以提高漫游车的安全性和工作效率。在各种潜在应用中，尤为重要的是机载数据（如图像）的语义解释，它可以提供关于可通行性评估和科学特征检测的关键信息。这种应用将不仅限于漫游车任务，而是与更广泛的行星探索有关，包括着陆器、轨道器和飞越任务。目前，正在努力将这些能力注入飞行任务。SPOC 地形分类器已与好奇号的地面操作系统集成，我们正在根据 MAARS 项目的最新结果对其进行升级。

图 9 - 15　雅典娜测试探测车测试本章所述能力的实地演示场景
（试验区位于喷气推进实验室旁边的阿罗约塞科河床）

本章所述能力的机载部署需要比 RAD750 更强大的机载处理器，RAD750 是好奇号和"毅力号"火星车的主 CPU。NASA 和 AFRL 正在共同努力开发高性能航天器计算

（HPSC）[18]。与此同时，火星上的第一架动力飞行器"火星直升机"（Mars Helicopter Innovacy）使用了高通公司（Qualcomm）的 Snapdragon，这是一种商用现成的 SoC（片上系统）[28]。这些处理器未来可能会推动机载部署 MAARS 功能。

我们在本章中介绍的只是机器学习在行星探索方面潜力的冰山一角，而这些潜力还有待探索。就像在地球上一样，机器学习很快就会彻底改变我们探索未知的外星世界的方式。

根据与 NASA 签订的合同（80NM0018D0004），该研究在加利福尼亚理工学院喷气推进实验室进行。

参 考 文 献

[1] R. Jakosky, et al. , Mars, The Nearest Habitable World – A Comprehensive Program for Future Mars Exploration: Mars Architecture Strategy Working Group（MASWG）Preliminary Results, https://mepag.jpl.nasa.gov/meeting/2020 – 06/MASWG – preliminary – results – MEPAG – 26June2020.pdf, 2020.

[2] M. Robinson, J. Elliott, et al. , Intrepid planetary mission concept study report, https://science.nasa.gov/science – pink/s3fs – public/atoms/files/Lunar％20INTREPID.pdf, 2020.

[3] M. Ono, B. Rothrock, C. Mattmann, T. Islam, A. Didier, V. Z. Sun, D. Qiu, P. Ramirez, K. Grimes, G. Hedrick, Make planetary images searchable: content – based search for pds and on – board datasets, in: 50th Lunar and Planetary Science Conference 2019, 2019.

[4] R. E. Arvidson, S. W. Squyres, J. F. Bell, J. G. Catalano, B. C. Clark, L. S. Crumpler, P. A. de Souza, A. G. Fairén, W. H. Farrand, V. K. Fox, R. Gellert, A. Ghosh, M. P. Golombek, J. P. Grotzinger, E. A. Guinness, K. E. Herkenhoff, B. L. Jolliff, A. H. Knoll, R. Li, S. M. McLennan, D. W. Ming, D. W. Mittlefehldt, J. M. Moore, R. V. Morris, S. L. Murchie, T. J. Parker, G. Paulsen, J. W. Rice, S. W. Ruff, M. D. Smith, M. J. Wolff, Ancient aqueous environments at Endeavour crater, Mars, Science 343（6169）（2014）, https://doi.org/10.1126/science.1248097.

[5] S. B. Goldberg, M. W. Maimone, L. Matthies, Stereo vision and rover navigation software for planetary exploration, in: Proceedings, IEEE Aerospace Conference, vol. 5, IEEE, 2002, p. 5.

[6] B. Rothrock, R. Kennedy, C. Cunningham, J. Papon, M. Heverly, M. Ono, Spoc: deep learning – based terrain classification for Mars rover missions, in: AIAA SPACE2016, 2016, pp. 1 – 12.

[7] D. Atha, R. M. Swan, A. Didier, Z. Hasnain, M. Ono, Multi – mission terrain classifier for safe rover navigation and automated science, in: Proceedings, IEEE Aerospace Conference, IEEE, 2022, p. 5.

[8] K. Otsu, G. Matheron, S. Ghosh, O. Toupet, M. Ono, Fast approximate clearance evaluation for rovers with articulated suspension systems, Journal of Field Robotics 37（5）（2020）768 – 785, https://doi.org/10.1002/rob.21892.

[9] S. Ghosh, K. Otsu, M. Ono, Probabilistic kinematic state estimation for motion planning of planetary rovers, in: 2018 IEEE/RSJ International Conference on Intelligent Robots and Systems （IROS）, IEEE, 2018, pp. 5148 – 5154.

[10] F. Zhou, R. E. Arvidson, K. Bennett, B. Trease, R. Lindemann, P. Bellutta, K. Iagnemma, C. Senatore, Simulations of Mars rover traverses, Journal of Field Robotics 31（1）（2014）141 – 160, https://doi.org/10.1002/rob.

[11] M. Heverly, J. Matthews, J. Lin, D. Fuller, M. Maimone, J. Biesiadecki, J. Leichty, Traverse performance characterization for the Mars science laboratory rover, Journal of Field Robotics 30（6）

(2013) 835 – 846.

[12] L. – C. Chen, G. Papandreou, I. Kokkinos, K. Murphy, A. L. Yuille, Semantic image segmentation with deep convolutional nets and fully connected crfs, in: International Conference on Learning Representations (ICLR), 2015.

[13] K. Simonyan, A. Zisserman, Very deep convolutional networks for large – scale image recognition, arXiv preprint, arXiv: 1409. 1556.

[14] F. Yu, V. Koltun, Multi – scale context aggregation by dilated convolutions, arXivpreprint, arXiv: 1511. 07122.

[15] L. – C. Chen, Y. Zhu, G. Papandreou, F. Schroff, H. Adam, Encoder – decoder with atrous separable convolution for semantic image segmentation, in: ECCV, 2018.

[16] K. He, X. Zhang, S. Ren, J. Sun, Deep residual learning for image recognition, in: Proceedings of the IEEE Conference on Computer Vision and Pattern Recognition, 2016, pp. 770 – 778.

[17] J. Deng, W. Dong, R. Socher, L. Li, Kai Li, Li Fei – Fei, Imagenet: a large – scale hierarchical image database, in: 2009 IEEE Conference on Computer Vision and Pattern Recognition, 2009, pp. 248 – 255.

[18] R. Doyle, R. Some, W. Powell, G. Mounce, M. Goforth, S. Horan, M. Lowry, High performance spaceflight computing (HPSC) next – generation space processor (NGSP): a joint investment of NASA and AFRL, in: Proceedings of theWorkshop on Spacecraft Flight Software, 2013.

[19] R. M. Swan, D. Atha, H. A. Leopold, M. Gildner, S. Oij, C. Chiu, M. Ono, AI4MARS: a dataset for terrain – aware autonomous driving on Mars, in: Proceedings of the IEEE/CVF Conference on Computer Vision and Pattern Recognition (CVPR) Workshops, IEEE/CVF, 2021, p. 5.

[20] R. Arvidson, P. DeGrosse Jr, J. Grotzinger, M. Heverly, J. Shechet, S. Moreland, M. Newby, N. Stein, A. Steffy, F. Zhou, et al. , Relating geologic units and mobility system kinematics contributing to curiosity wheel damage at Gale crater, Mars, Journal of Terramechanics 73 (2017) 73 – 93.

[21] K. He, G. Gkioxari, P. Dollár, R. B. Girshick, Mask R – CNN, CoRR abs/1703. 06870, arXiv: 1703. 06870.

[22] S. Higa, Y. Iwashita, K. Otsu, M. Ono, O. Lamarre, A. Didier, M. Hoffmann, Vision – based estimation of driving energy for planetary rovers using deep learning and terramechanics, IEEE Robotics and Automation Letters 4 (4) (2019) 3876 – 3883, https: //doi. org/10. 1109/ LRA. 2019. 2928765.

[23] C. Liu, B. Zoph, M. Neumann, J. Shlens, W. Hua, L. – J. Li, L. Fei – Fei, A. Yuille, J. Huang, K. Murphy, Progressive neural architecture search, in: Proceedings of the European Conference on Computer Vision (ECCV), 2018.

[24] K. Xu, J. L. Ba, R. Kiros, K. Cho, A. Courville, R. Salakhutdinov, R. S. Zemel, Y. Bengio, Show, attend and tell: neural image caption generation with visual attention, in: 32nd International Conference on Machine Learning (ICML), 2015.

[25] G. Hinton, N. Srivastava, K. Swersky, Neural networks for machine learning lecture 6a overview of mini – batch gradient descent, 2012.

［26］　D. P. Kingma，J. Ba，Adam：a method for stochastic optimization，arXiv：1412.6980［cs. LG］，2014.

［27］　J. Deng，W. Dong，R. Socher，L. Li，Kai Li，Li Fei - Fei，Bleu：a method for automatic evaluation of machine translation，in：Proceedings of the 40th Annual Meeting of the Association for Computational Linguistics（ACL），2002.

［28］　D. S. Bayard，D. T. Conway，R. Brockers，J. H. Delaune，L. H. Matthies，H. F. Grip，G. B. Merewether，T. L. Brown，A. M. S. Martin，Vision - based navigation for the NASA Marshelicopter，https：//doi. org/10. 2514/6. 2019 - 1411.

第 10 章　结合机器学习回归模型和贝叶斯推断来解释遥感数据

Saverio Cambioni[a]，Erik Asphaug[b]，and Roberto Furfaro[c]

[a]麻省理工学院地球、大气与行星科学系，剑桥市，马萨诸塞州，美国

[b]亚利桑那大学月球和行星实验室，图森市，亚利桑那州，美国

[c]亚利桑那大学系统与工业工程系，图森市，亚利桑那州，美国

10.1　对精确快进功能的需求

持续增强的计算能力、更优的模拟软件开发以及不断发展的物理学，使得行星科学现象模型的真实性比过去更高，也包含了更多细节。虽然这些进步缩小了我们对物理系统的观测与我们对其建模方式之间的差异，但单个模型评估（模拟或数值实验）可能需要数分钟、数小时甚至数天的计算时间，并且可能需要数千甚至数百万次模型评估才能了解哪些模型参数与数据最为匹配。这取决于模型参数的数量（维度）、数据的空间、时间和光谱分辨率以及所需的精度。本章中，我们描述了如何使用监督机器学习来设计称为代理模型的近似函数，并使用它们来推断小行星的物理性质。代理模型在已知的精度水平内模拟模型评估（完全模拟）的行为，同时在计算成本上更为经济。这就使人们能够使用代理模型来代替计算价格更高的父模型，从而有效检索行星体的属性。

10.2　反问题的贝叶斯方法

反问题旨在通过解释物理系统的观测结果来检索该系统的性质。系统被建模为 $\gamma = f(x, p)$，其中 $\gamma \in \mathbb{R}^M$ 是与自由参数 $x \in \mathbb{R}^N$ 和已知参数 $p \in \mathbb{R}^s$ 相关联的输出。我们收集了一些噪声度量 $m \in \mathbb{R}^M$ 的输出 γ，同时，我们还想要了解自由参数 x 的哪个组合可能更对应于这样的观察（最佳拟合 x）。

解决反问题的现代方法是将自由参数 x 视为随机变量[47]。因此，目标不是找到 x 的单个最佳拟合值，而是估计 x 的所有可能值来解释观测值 m 的可能性。该概率分布 $\pi(x \mid m)$ 通常被称为给定一组观测值 m 的后验分布。由于假设所有变量都是随机的，因此它们反映了真实值的不确定性，重要的是，不确定性程度被编码在要检索的参数的概率分布中。根据贝叶斯定理[4,68]得到分布 $\pi(x \mid m)$：

$$\pi(\boldsymbol{x} \mid \boldsymbol{m}) = \frac{\pi_{pr}(\boldsymbol{x}) L(\boldsymbol{m} \mid \boldsymbol{x})}{\pi(\boldsymbol{m})} \qquad (10-1)$$

式中，概率分布 $\pi_{pr}(x)$ 对自由参数的先验知识或信念进行编码，分布 $L(x \mid m)$ 描述了在给定一组自由参数 x 的情况下检索观测值 m 的概率，$\pi(m)$ 通是观察数据 m 的概率：

$$\pi(\boldsymbol{m}) = \int_x \pi(\boldsymbol{x}, \boldsymbol{m}) \mathrm{d}x = \int_x \pi_{pr}(x) L(\boldsymbol{m}/\boldsymbol{x}) \mathrm{d}x \qquad (10-2)$$

对于自由参数 x 的大维数 N，求解方程（10-2）的传统数值积分格式是不实际的，必须求助于蒙特卡罗（MC）积分方法[41]。一种有效的采样方法是马尔可夫链蒙特卡罗方案（MCMC），并使用诸如延迟拒绝（DR）自适应 Metropolis - Hastings（AM）（DRAM[42]）的算法来更新采样。

然而，由于 MCMC 方案需要对未知 $\pi(x \mid m)$ 采样数千次，因此与求解方程（10-2）相关的计算量也取决于模型 f 的运行时间。由此可见，使用更快但仍然准确的模型 f 版本（代理模型）可能会提高反问题的可处理性，我们将在下面的 10.3 节中看到这一点。

10.3　基于机器学习的代理模型

如果在没有基本假设或关于模型的先验知识的情况下，构建代理模型是一项数据驱动任务。为此，在代理建模的各种技术中（参见[48]），我们讨论如何使用监督机器学习在一系列行星科学模型模拟上训练神经网络。我们将计算密集的物理模型称为"父模型"，而"代理模型"是在使用父模型建立的模拟数据集上训练的神经网络。

使用机器学习来构建代理模型的优点在于它能够从高维参数空间中的稀疏数据查找表进行归纳。根据父模型的性质，从计算机角度说，构建数据集训练神经网络比直接使用父模型精细映射可能解决方案的参数空间易于处理。另一方面，神经网络不能自然地防止数据过度拟合（除非采取预防措施）。防止网络过拟合意味着防止它们被数据中的偶然事件所欺骗，这些偶然事件看起来像是有趣的模式，但实际上不会推广到新的看不见的数据中[60]。此外，神经网络不能立即获得关于现象的底层物理结论（因果推断），也不能比它们的父模型做得更好。如果研究人员缺乏必要的专业领域知识，可能不能对代理模型的物理一致性进行清晰的评估。进一步的挑战包括训练数据集中的误差和偏差以及训练过程的次优收敛。当前，解决这些问题的研究工作旨在促进可解释和负责任的人工智能发展（例如[1]）。机器学习代理模型的使用在行星科学中相对较新，但在行星科学以及天文学和地球物理学中的应用显示了该方法的潜力，其中包括：预测行星之间的碰撞结果，提高类地行星形成的真实性（例如，[10,24,25]）；预测环绕双星行星在初始共面圆形轨道上的稳定性[52]；描述质量低于 25 个地球质量的行星的内部结构[7]；模拟地球上的地幔对流[5]；量化高度非线性模型中的不确定性，如研究地震学测量的模型[17]；以及模拟大气环流模型的物理特性[65]等。

10.4　案例研究：用代理模型约束小行星的热特性

小行星热物理建模领域在过去几年中经历了惊人的发展，因为新的热红外数据可用于数十万颗小行星[19]。在这里，我们描述了如何使用机器学习来设计小行星的代理热物理模型，并使用它来检索行星表面粗糙度，岩石和表面松散物质（风化层）的热惯性，以及岩石物质和风化层的相对丰度。热惯性衡量的是材料对温度随时间变化的抵抗力。它被定义为 $\Gamma = \sqrt{k\rho c}$，其中 k 是热导率，ρ 是体积密度，c 是平均比热。其单位为 $Js^{-1/2}m^{-2}K^{-1}$。这里讨论的案例研究全文发表在[12]中，使用了代理热物理模型来描述 25143 号近地小行星 Itokawa 的热特性（图 10 - 1）。在日本 JAXA 隼鸟飞行任务观测的背景下解释了这些结果，该飞行任务在 2005 年 11 月至 2007 年 12 月期间访问了 Itokawa 小行星，并非常详细地描述了其表面的特征[50]。

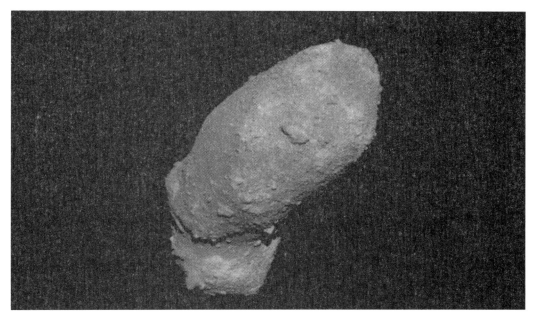

图 10 - 1　2005 年 10 月 10 日，JAXA 隼鸟任务的 AMICA 仪器获得了 25143 号小行星 Itokawa 的图像
［该图像（HAY - A - AMICA - 3 HAYAMICA. V1.0 _ 20051015 _ ST _ 2461722826 _ V _ FIT)
来自 NASA 行星数据系统，是 Hayabusa AMICA 数据集的一部分[62]，图像已经过
SAOImageDS9 软件[49]的可视化功能重新处理］

10.4.1　热物理模拟数据集

在参考文献［12］中，父模型 $\gamma = f(x, p)$ 是小行星风化层的热物理模型[19]。自由参数 x 为表面材料的热惯性 Γ 和表面粗糙度 θ。已知参数 p 是 Itokawa[36] 的形状模型、小行星在空间中相对于观测者的位置和方向、每次观测时的照明条件和观测波长。输出 γ 是给定 p 对应于某一集合 $x = (\Gamma, \theta)$ 的来自地表的红外通量，使用热物理模型[19]为 (Γ, θ) 在以下范围内的所有可能组合建立了模拟红外通量的查找表：

- $\Gamma \in [25, 2\,500]$，步长为 25 $Js^{-1/2}m^{-2}K^{-1}$；
- $\theta \in [0, 60]$，步长为 10°。

热惯性值范围在 25 $Js^{-1/2}m^{-2}K^{-1}$（类似于月球和小行星灶神星表面的细风化层[14,44]）至 2 500 $Js^{-1/2}m^{-2}K^{-1}$（类似于低孔隙度玄武岩[71]）之间，步长为 25 $Js^{-1/2}m^{-2}K^{-1}$。因

此，对于参考文献［12］中分析的每个 30 个红外观测运行 700 个模拟。这意味着，热物理模拟的最终数据集总共包含 21 000 个模拟（即 700 个模拟乘以 30 个观测）。在单个处理器上构建这样的数据集的总运行时间需要 5 天。

10.4.2 风化层与岩石混合物的红外代理模型

更准确的小行星表面模型是亚厘米级的风化层和岩石混合物，"隼鸟号"任务在 Itokawa 表面观察到的平滑和粗糙的地形也证明了这一点（图 10 - 1）。在小行星上，直径小于几厘米的风化层是由微流星体撞击导致较大岩石[6,45,46]以及昼夜温度剧烈变化[18,22,55]引起的热疲劳开裂而产生的。小行星上的亚厘米风化层颗粒比相同成分的固体岩石具有更低的热惯性[19]。在第 10.4.1 节的模拟数据集中，假设用热惯性值 Γ_R 大于 700 $Js^{-1/2} m^{-2} K^{-1}$（即石质陨石[57]记录的最低值）的来模拟岩石红外辐射，假设用热惯性 Γ_R 低于 700 $Js^{-1/2} m^{-2} K^{-1}$ 的模拟用于模拟松散（但未必均匀）颗粒（即风化层）的红外发射，岩石和风化层单元对辐射的红外通量具有线性贡献，其重量等于岩石的区域丰度（以下称为岩石丰度或 RA）。对于 Itokawa 地表的每次观测，第 10.4.1 节的模拟结果（红外通量 f）对应于 $\Gamma < 700$ $Js^{-1/2} m^{-2} K^{-1}$（风化层）和 $\Gamma > 700$ $Js^{-1/2} m^{-2} K^{-1}$（岩石）线性组合为

$$\boldsymbol{F}(\theta, \Gamma_R, \Gamma_p, RA) = f_{Rock}(\theta, \Gamma_R) RA + f_{Regolith}(\theta, \Gamma_p)(1 - RA) \qquad (10 - 3)$$

式中，岩石丰度 RA 为 0 ～ 100%，步长为 5%。这将产生一个包含以下条目的数据集

$$\{\boldsymbol{x}, \boldsymbol{\gamma}\} = \{(\theta, \Gamma_R, \Gamma_p, RA); \quad \boldsymbol{F}(\theta, \Gamma_R, \Gamma_p, RA)\} \qquad (10 - 4)$$

对于参考文献［12］中表 3 所列的 Itokawa 表面的每一次观测[12]，用方程（10 - 4）描述的对应数据集来训练神经网络（热代理模型，图 10 - 2）。在超参数优化之后，每个网络都有一个包含 10 个神经元的单一隐藏层，并使用具有 10 倍交叉验证的 Levenberg - Marquardt 算法[20]进行训练。通过反向传播训练数据集中所有样本的预测热通量和模拟热通量之间的残差，使用 MATLAB® 经网络包对 70% 的数据集进行训练（有关神经网络中反向传播的更详细说明，请参见第 1 章）。训练过程的目标是找到最小化均方误差的网络参数（权重或系数 w）

$$\epsilon(\boldsymbol{w}) = \frac{1}{K} \sum_{i=1}^{K} [\boldsymbol{F}_{NN}(\theta, \Gamma_R, \Gamma_p, RA) - \boldsymbol{F}(\theta, \Gamma_R, \Gamma_p, RA)]^2 \qquad (10 - 5)$$

式中，F_{NN} 为神经网络预测的红外通量，K 为每个训练批次的样本数量。在这方面，训练过程不是简单的数据插值，而是搜索全局拟合数据的参数函数类（即最能概括热物理父模型下输入-输出关系的神经网络）。这是通过使用验证集（数据集的 15%）在模型开始过拟合训练数据之前停止训练来完成的，验证性能下降证明了这一点，并分别评估训练网络的性能[9]。能否成功实现最优泛化能力，取决于训练数据集和验证数据集之间存在多少相关性。在这个案例研究中，数据集由来自不同的独立模拟数据组成。通常，我们提醒读者在训练、验证和测试集中尽可能确保样本之间的独立性。使用测试集上的均方误差和相关性指数评估网络的性能，测试集由 15% 以前未用于训练或验证的数据组成。有关参文献［12］中网络性能的总结，请读者参阅该文献中的表 5。

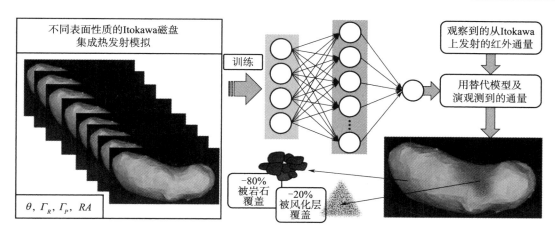

图 10-2　通过从发射红外通量的测量中推导出 Itokawa 表面粗糙度 $\theta^{[12]}$、岩石热惯性 Γ_R、风化层颗粒热惯性 Γ_P 和岩石丰度 RA 的过程图（从左至右：第 10.4.1 节的热物理模拟数据集用于训练一个神经网络，该神经网络预测与特定表面性质（θ，Γ_R，Γ_p，RA）相对应的红外通量。对于每一次对 Itokawa 表面的观测，使用神经网络对观察到的表面红外通量进行贝叶斯反演，以推导其性质。Itokawa 的形状模型来自参考文献［36］

10.4.3　Itokawa 热物理性质的贝叶斯推断

本节使用第 10.4.2 节的神经网络作为第 10.2 节贝叶斯反演的正演模型[12]。该反演由以下定义 $\pi_{pr}(x)$ 分布的先验信息支持：

· 只要颗粒大小不超过昼夜温度循环的穿透深度（约 2 cm），Itokawa 上的风化层可被视为均质材料。实验室实验[63]允许在对颗粒的密度、孔隙率和热容量进行合理假设的情况下，将风化层的颗粒尺寸转换为热导率。风化层材料的均质性条件产生了等于 $285 \mathrm{Js}^{-1/2}\mathrm{m}^{-2}\mathrm{K}^{-1}$ 的风化层热惯性溶液范围的上限。

· 根据隼鸟/AMICA 图像[54]，Itokawa 表面大于 5 m 的巨石的尺寸频率分布得出岩石丰度的下限等于 16%。

图 10-3 绘制了概率分布 $\pi\{(\theta，\Gamma_{regolith}，\Gamma_{rock}，RA)\mid m\}$ 它显示了在参考文献［12］中表 3 所列的热红外观测条件下，某一组热性质代表 Itokawa 表面的可能性。贝叶斯反演结果表明：

· 小行星 Itokawa 的表面主要是岩石（$RA = 84\pm9\%$）。这与隼鸟任务的观测结果一致，该任务显示 Itokawa 表面只有 20% 被亚厘米级的风化层覆盖[61,69]。

· Itokawa 上岩石的热惯性估计为 $\Gamma_R = 894\pm122$ $\mathrm{Js}^{-1/2}\mathrm{m}^{-2}\mathrm{K}^{-1}$。该值低于 LL 球粒陨石的岩石热惯性测量值[57]，表明 Itokawa 上的岩石可能断裂。

· 风化层热惯性为 $\Gamma_P = 203\pm36$ $\mathrm{Js}^{-1/2}\mathrm{m}^{-2}\mathrm{K}^{-1}$。假设大孔隙率在 40%～60% 之间，根据参考文献［63］中的方法，风化层热惯性的最佳拟合值表明平均粒径约为 1 cm。这也与隼鸟的现场研究结果一致[51]。

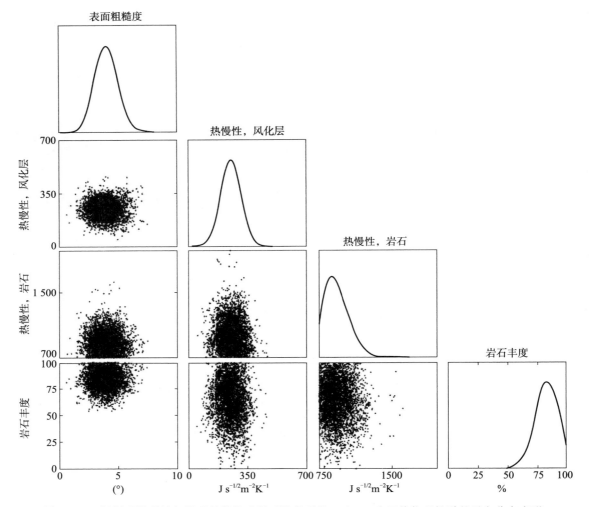

图 10-3 根据观测到的红外通量的贝叶斯反演得到的 Itokawa 表面热物理性质的后向分布表明，
该表面覆盖着约 20% 的小于几厘米的风化层（与隼鸟号任务的观测结果一致[66,69]，
岩石的热惯性表明大部分岩石可能发生断裂）

10.5 数据融合的未来展望

最后，我们来介绍一些研究方向，这些研究受益于在观测数据的贝叶斯反演中使用代理模型。

10.5.1 遥感数据融合

近年来，随着机器学习和贝叶斯反演技术的发展，不仅可以更高效、更准确地解释行星科学数据，还可以利用望远镜、航天器和实验室实验等不同仪器收集的测量数据进行联合反演。这种方法通常被称为数据融合[15]。

例如，遥感雷达回波功率与行星冰层表面红外辐射的数据融合[11]。这种方法允许相互独立地检测冰的温度分布和平均成分，从而在不提取冰芯的情况下解开冰温和杂质的存在对雷达回波的影响（关于基于冰芯数据的方法，见参考文献［53，70］）。虽然这种数据融合方法与陆地冰盖的特征描述有关（例如南极洲东部沃斯托克湖的情况[11]），但我们预见，这对于最大限度地提高即将进行的 NASA.Clipper 和 ESA.JUICE 木星卫星欧罗巴任务的科学结果至关重要。这两个任务都将携带雷达测深仪和热成像仪，但不会钻入木卫二的冰层。

参考文献［11］的数据融合方法还估计了冰的表面孔隙度和密度，这是未来设计冰卫星着陆任务的关键知识。未来的着陆器（例如木卫二着陆器[58]）还将配备地震仪，收集岩石海底和水[13]之间相互作用的地震特征，及可能发生生物反应的地方[43]。雷达测深和地震测量是对上层几公里冰层高度互补的探测。未来的研究方向包括调查三个数据集（热数据、雷达数据和地震数据）的融合是否能够对木卫二的内部结构和地质活动进行全面测绘，应该在哪里收集地表的地震测量数据以解决地下结构，以及正在进行和过去已经完成的地质活动的模糊问题。

10.5.2 行星形成理论

代理模型也代表了行星形成理论的重大进步，包括组成主行星带（如小行星 16 Psyche）、柯伊伯带和内太阳系行星群（如水星[2]）等令人难以置信的天体之谜。

对于水星，早期研究提出，由抛射物造成的灾难性破坏[8]是其具有异常高的核心质量分数的原因。然而，2011—2012 年 NASA 信使号任务显示，与月球相比，这颗行星的挥发性物质含量非常高[59]。在此基础上，参考文献［3］认为连续两次较低强度的碰撞会是更好的解决方案。这些数据——包括水星与其他行星相比氧化态的降低[56]以及我们收集的水星陨石的提示如[21]——可以融合到水星碰撞历史的问题中。如前所述，代理模型是一个函数，这意味着对于给定的天文观测、航天器遥感和实验室测量，可以进行贝叶斯反演，以获得最有可能的撞击假设。

有关 16 号小行星 Psyche 的数据仍然很少[23]，但 NASA 的同名任务将于 2026 年抵达该目标，此后情况或许会发生改变。Psyche 任务携带了一台彩色成像仪、一台磁力计（来探测金属），以及一台伽马射线和中子光谱仪来测量小行星的成分。关于 Psyche 是否真的是一个行星核还存在很多困惑，因为其体积密度估计在 2 000 $kg/m^{3[67]}$ 至 4 000 kg/m^3 之间[26]。当体积密度和成分以及核心的范围已知时，可以应用这些更强的约束来获得碰撞历史。Psyche 可能在多次碰撞中失去了它的地幔，就像水星一样[2]。在这个复杂的碰撞机制上训练的代理模型对于解释所有可用的数据集必不可少。

10.5.3 航天器自主性

最后，机器学习和代理建模将在实现高水平航天器自主方面发挥重要作用，这是未来科学驱动和不受约束的太阳系天体任务的关键特征。为了扩大对这类天体的了解，需要设计、开发和部署一类新的自主智能装备（如轨道器、着陆器、漫游车、气球、无人机等），以实现智能行星侦察[27,28,35]。这种系统包括人工智能驱动软件，能够全自动识别和描述最有可能产生科学发现的地点。这使将辅助信息与行星探索过程中获取的空间和时间传感器数据集成在一起变为可能，从而实现推理和自主部署及选址[33]。

在过去的几年中，研究如何将深度学习方法应用于航天器在行星体上着陆的自主闭环制导、导航和控制问题的项目不断增加。例如，监督深度学习已被探索作为着陆问题[30,31,64]的闭环制导的可能机制。深度强化学习，即航天器代理与动力环境相互作用，并通过最大化奖励来学习特定任务，已应用于行星着陆[37,38,66]和小行星近距离操作的引导和控制[39,40]中。最近，对不规则小天体的引力场进行建模，可以实时生成小行星和彗星附近的最佳航天器轨迹[16,29]。我们预见，这些方法对于实现维持太阳系下一波太空探索所需的自主水平至关重要，并能在寻找生命[32]和描述行星特征[34]方面最大限度地发挥潜力。

致谢

感谢 S. C. 、E. A. 、R. F. 及 NASA.80NSSC19K0817 号拨款的支持。感谢匿名审稿人提出的宝贵意见和建议，这些意见和建议完善了本章内容。

数据可用性

参考文献［12］中发表的研究结果和本章节中使用的数据可根据合理要求从通讯作者处获得。

参 考 文 献

［1］ A. B. Arrieta, N. Díaz－Rodríguez, J. Del Ser, A. Bennetot, S. Tabik, A. Barbado, S. García, S. Gil－López, D. Molina, R. Benjamins, et al. , Explainable Artificial Intelligence (XAI): concepts, taxonomies, opportunities and challenges toward responsible AI, Information Fusion 58 (2020) 82－115.

［2］ E. Asphaug, Signatures of hit－and－run collisions, in: L. T. Elkins－Tanton, B. P. Weiss (Eds.), Planetesimals: Early Differentiation and Consequences for Planets. Cambridge Planetary Science, Cambridge University Press, 2017, pp. 7－37.

［3］ E. Asphaug, A. Reufer, Mercury and other iron－rich planetary bodies as relics of inefficient accretion, Nature Geoscience 7 (Aug. 2014) 564－568.

［4］ R. C. Aster, B. Borchers, C. H. Thurber, Parameter Estimation and Inverse Problems, vol. 90, Academic Press, 2011.

［5］ S. Atkins, A. P. Valentine, P. J. Tackley, J. Trampert, Using pattern recognition to infer parameters governing mantle convection, Physics of the Earth and Planetary Interiors 257 (Aug. 2016) 171－186.

［6］ A. T. Basilevsky, J. W. Head, F. Horz, Survival times of meter－sized boulders on the surface of the Moon, Planetary and Space Science 89 (Dec. 2013) 118－126.

［7］ P. Baumeister, S. Padovan, N. Tosi, G. Montavon, N. Nettelmann, J. MacKenzie, M. Godolt, Machine－learning inference of the interior structure of low－mass exoplanets, The Astrophysical Journal 889 (1) (Jan. 2020) 42.

［8］ W. Benz, A. Anic, J. Horner, J. A. Whitby, The origin of Mercury, Space Science Reviews 132 (Oct. 2007) 189－202.

［9］ C. M. Bishop, et al. , Neural Networks for Pattern Recognition, Oxford University Press, 1995.

［10］ S. Cambioni, E. Asphaug, A. Emsenhuber, T. S. J. Gabriel, R. Furfaro, S. R. Schwartz, Realistic on－the－fly outcomes of planetary collisions: machine learning applied to simulations of giant impacts, The Astrophysical Journal 875 (1) (2019) 40.

［11］ S. Cambioni, L. Carter, M. Haynes, E. Asphaug, R. Furfaro, Machine learning for characterizing shallow subsurface ice via radar－thermal data fusion: validation at Lake Vostok, East Antarctica, in: European Planetary Science Congress—Division of Planetary Science Joint Meeting 2019, vol. 13, 2019, p. 192－1.

［12］ S. Cambioni, M. Delbo, A. J. Ryan, R. Furfaro, E. Asphaug, Constraining the thermal properties of planetary surfaces using machine learning: application to airless bodies, Icarus 325 (2019) 16－30.

［13］ F. Cammarano, V. Lekic, M. Manga, M. Panning, B. Romanowicz, Long－period seismology on Europa: 1. Physically consistent interior models, Journal of Geophysical Research: Planets 111 (E12) (2006).

[14] M. T. Capria, F. Tosi, M. De Sanctis, F. Capaccioni, E. Ammannito, A. Frigeri, F. Zambon, S. Fonte, E. Palomba, D. Turrini, et al., Vesta surface thermal properties map, Geophysical Research Letters 41 (5) (2014) 1438 – 1443.

[15] N. – B. Chang, K. Bai, Multisensor Data Fusion and Machine Learning for Environmental Remote Sensing, CRC Press, 2018.

[16] L. Cheng, Z. Wang, Y. Song, F. Jiang, Real – time optimal control for irregular asteroid landings using deep neural networks, Acta Astronautica 170 (2020) 66 – 79.

[17] R. W. L. de Wit, A. P. Valentine, J. Trampert, Bayesian inference of Earth's radial seismic structure from body – wave traveltimes using neural networks, Geophysical Journal International 195 (1) (Oct. 2013) 408 – 422.

[18] M. Delbo, G. Libourel, J. Wilkerson, N. Murdoch, P. Michel, K. T. Ramesh, C. Ganino, C. Verati, S. Marchi, Thermal fatigue as the origin of regolith on small asteroids, Nature 508 (7) (Apr. 2014) 233 – 236.

[19] M. Delbo, M. Mueller, J. P. Emery, B. Rozitis, M. T. Capria, Asteroid thermophysical modeling, in: P. Michel, et al. (Eds.), Asteroids IV, University of Arizona Press, Tucson, 2015, pp. 107 – 128.

[20] H. B. Demuth, M. H. Beale, O. De Jess, M. T. Hagan, Neural network design. Martin Hagan, 2014.

[21] D. S. Ebel, S. T. Stewart, The elusive origin of Mercury, in: S. Solomon, L. R. Nittler, B. J. Anderson (Eds.), Mercury: The View After MESSENGER, vol. 21, Cambridge University Press, 2018, pp. 497 – 515.

[22] C. El Mir, K. Hazeli, K. T. Ramesh, M. Delbo, J. Wilkerson, Thermal fatigue: lengthscales, timescales, and their implications on regolith size – frequency distribution, in: 47th Lunar and Planetary Science Conference, vol. 47, Mar. 2016, p. 2586.

[23] L. Elkins – Tanton, E. Asphaug, J. Bell III, H. Bercovici, B. Bills, R. Binzel, W. Bottke, S. Dibb, D. Lawrence, S. Marchi, et al., Observations, meteorites, and models: a preflight assessment of the composition and formation of (16) Psyche, Journal of Geophysical Research: Planets 125 (3) (2020) e2019JE006296.

[24] A. Emsenhuber, S. Cambioni, collresolve, Dec. 2019.

[25] A. Emsenhuber, S. Cambioni, E. Asphaug, T. S. J. Gabriel, S. R. Schwartz, R. Furfaro, Realistic on – the – fly outcomes of planetary collisions. II. Bringing machine learning to N – body simulations, The Astrophysical Journal 891 (1) (Mar. 2020) 6.

[26] M. Ferrais, P. Vernazza, L. Jorda, N. Rambaux, J. Hanus, Asteroid (16) psyche's primordial shape: a possible Jacobi ellipsoid, Astronomy & Astrophysics (2020).

[27] W. Fink, J. M. Dohm, M. A. Tarbell, T. M. Hare, V. R. Baker, Next – generation robotic planetary reconnaissance missions: a paradigm shift, Planetary and Space Science 53 (14 – 15) (2005) 1419 – 1426.

[28] W. Fink, J. M. Dohm, M. A. Tarbell, T. M. Hare, V. R. Baker, D. Schulze – Makuch, R. Furfaro, A. G. Fairén, T. P. Ferré, H. Miyamoto, et al., Tier – scalable reconnaissance missions for the autonomous exploration of planetary bodies, in: 2007 IEEE Aerospace Conference, IEEE,

2007, pp. 1 - 10.

[29] R. Furfaro, R. Barocco, R. Linares, T. Francesco, V. Reddy, J. Simo, L. Le Corre, Modeling irregular small bodies gravity field via extreme learning machines and Bayesian optimization, Advances in Space Research (2020).

[30] R. Furfaro, I. Bloise, M. Orlandelli, P. Di Lizia, F. Topputo, R. Linares, et al., Deep learning for autonomous lunar landing, in: 2018 AAS/AIAA Astrodynamics SpecialistConference, 2018, pp. 1 - 22.

[31] R. Furfaro, I. Bloise, M. Orlandelli, P. Di Lizia, F. Topputo, R. Linares, et al., A recurrent deep architecture for quasi - optimal feedback guidance in planetary landing, in: IAA SciTech Forum on Space Flight Mechanics and Space Structures and Materials, 2018, pp. 1 - 24.

[32] R. Furfaro, J. Dohm, W. Fink, J. Kargel, D. Schulze - Makuch, A. Fairén, A. Palmero - Rodriguez, V. Baker, P. Ferré, T. Hare, et al., The search for life beyond Earth through fuzzy expert systems, Planetary and Space Science 56 (3 - 4) (2008) 448 - 472.

[33] R. Furfaro, W. Fink, J. S. Kargel, Autonomous real - time landing site selection for Venus and Titan using evolutionary fuzzy cognitive maps, Applied Soft Computing 12 (12) (2012) 3825 - 3839.

[34] R. Furfaro, J. S. Kargel, J. I. Lunine, W. Fink, M. P. Bishop, Identification of cryovolcanism on Titan using fuzzy cognitive maps, Planetary and Space Science 58 (5) (2010) 761 - 779.

[35] R. Furfaro, J. I. Lunine, J. S. Kargel, W. Fink, Intelligent systems for the autonomous exploration of Titan and Enceladus, in: Space Exploration Technologies, vol. 6960, International Society for Optics and Photonics, 2008, p. 69600A.

[36] R. Gaskell, J. Saito, M. Ishiguro, T. Kubota, T. Hashimoto, N. Hirata, S. Abe, O. Barnouin - Jha, D. Scheeres, Gaskell Itokawa Shape Model V1.0. NASA Planetary Data System 92, HAY - A - AMICA - 5 - ITOKAWASHAPE - V1.0, Sep. 2008.

[37] B. Gaudet, R. Linares, R. Furfaro, Adaptive guidance and integrated navigation with reinforcement meta - learning, Acta Astronautica 169 (2020) 180 - 190.

[38] B. Gaudet, R. Linares, R. Furfaro, Deep reinforcement learning for six degree - offreedom planetary landing, Advances in Space Research 65 (7) (2020) 1723 - 1741.

[39] B. Gaudet, R. Linares, R. Furfaro, Six degree - of - freedom body - fixed hovering over unmapped asteroids via lidar altimetry and reinforcement meta - learning, Acta Astronautica 172 (2020) 90 - 99.

[40] B. Gaudet, R. Linares, R. Furfaro, Terminal adaptive guidance via reinforcement meta - learning: applications to autonomous asteroid close - proximity operations, Acta Astronautica 171 (2020) 1 - 13.

[41] L. A. Glasgow, Applied Mathematics for Science and Engineering, Wiley Online Library, 2014.

[42] H. Haario, M. Laine, A. Mira, E. Saksman, DRAM: efficient adaptive MCMC, Statistics and Computing 16 (4) (2006) 451 - 559.

[43] K. P. Hand, C. F. Chyba, J. C. Priscu, R. W. Carlson, K. H. Nealson, Astrobiology and the potential for life on Europa, in: Robert T. Pappalardo, William B. McKinnon, Krishan K. Khurana (Eds.), Europa, University of Arizona Press, Tucson, 2009, p. 589.

[44] P. O. Hayne, J. L. Bandfield, M. A. Siegler, A. R. Vasavada, R. R. Ghent, J. - P. Williams, B. T. Greenhagen, O. Aharonson, C. M. Elder, P. G. Lucey, et al., Global regolith

thermophysical properties of the Moon from the diviner lunar radiometer experiment, Journal of Geophysical Research: Planets 122 (12) (2017) 2371 – 2400.

[45] F. Hoerz, E. Schneider, D. E. Gault, J. B. Hartung, D. E. Brownlee, Catastrophic rupture of lunar rocks – a Monte Carlo simulation, Lunar Science Institute 13 (1 – 3) (Jul. 1975) 235 – 258.

[46] F. Hörz, M. Cintala, Impact experiments related to the evolution of planetary regoliths, Meteoritics & Planetary Science 32 (2) (Mar. 1997) 179 – 209.

[47] J. Idier, Bayesian Approach to Inverse Problems, John Wiley & Sons, 2013.

[48] P. Jiang, Q. Zhou, X. Shao, Surrogate Model – Based Engineering Design and Optimization, Springer, 2020.

[49] W. A. Joye, E. Mandel, New features of SAOImage DS9, in: H. E. Payne, R. I. Jedrzejewski, R. N. Hook (Eds.), Astronomical Data Analysis Software and Systems XII, in: Astronomical Society of the Pacific Conference Series, vol. 295, Jan. 2003, p. 489.

[50] J. Kawaguchi, A. Fujiwara, T. Uesugi, Hayabusa—its technology and science accomplishment summary and Hayabusa – 2, Acta Astronautica 62 (10) (May 2008) 639 – 647.

[51] K. Kitazato, B. E. Clark, M. Abe, S. Abe, Y. Takagi, T. Hiroi, O. S. Barnouin – Jha, P. A. Abell, S. M. Lederer, F. Vilas, Near – infrared spectrophotometry of Asteroid 25143 Itokawa from NIRS on the Hayabusa spacecraft, Icarus 194 (1) (Mar. 2008) 137 – 145.

[52] C. Lam, D. Kipping, A machine learns to predict the stability of circumbinary planets, Monthly Notices of the Royal Astronomical Society 476 (4) (Jun. 2018) 5692 – 5697.

[53] J. A. MacGregor, D. P. Winebrenner, H. Conway, K. Matsuoka, P. A. Mayewski, G. D. Clow, Modeling englacial radar attenuation at Siple Dome, West Antarctica, usingice chemistry and temperature data, Journal of Geophysical Research: Earth Surface 112 (F3) (2007).

[54] S. Mazrouei, M. G. Daly, O. S. Barnouin, C. M. Ernst, I. DeSouza, Block distributions on Itokawa, Icarus 229 (Feb. 2014) 181 – 189.

[55] J. Molaro, S. Byrne, Thermal stress weathering on Mercury and other airless bodies, in: Lunar and Planetary Science Conference, vol. 1608, 2011, p. 1494.

[56] L. R. Nittler, N. L. Chabot, T. L. Grove, P. N. Peplowski, The chemical composition of Mercury, in: S. Solomon, L. R. Nittler, B. J. Anderson (Eds.), Mercury: The View After MESSENGER, vol. 21, Cambridge University Press, 2018, pp. 30 – 51.

[57] C. P. Opeil, G. J. Consolmagno, D. J. Safarik, D. T. Britt, Stony meteorite thermal properties and their relationship with meteorite chemical and physical states, Meteoritics and Planetary Science 47 (3) (Mar. 2012) 319 – 329.

[58] R. Pappalardo, S. Vance, F. Bagenal, B. Bills, D. Blaney, D. Blankenship, W. Brinckerhoff, J. Connerney, K. Hand, T. M. Hoehler, et al., Science potential from a Europa lander, Astrobiology 13 (8) (2013) 740 – 773.

[59] P. N. Peplowski, L. G. Evans, S. A. Hauck, T. J. McCoy, W. V. Boynton, J. J. Gillis – Davis, D. S. Ebel, J. O. Goldsten, D. K. Hamara, D. J. Lawrence, et al., Radioactive elements on Mercury's surface from MESSENGER: implications for the planet's formation and evolution, Science 333 (6051) (2011) 1850 – 1852.

[60] F. Provost, T. Fawcett, Data Science for Business: What You Need to Know About Data Mining

and Data – Analytic Thinking，O'Reilly Media，Inc.，2013.

[61]　J. Saito，H. Miyamoto，R. Nakamura，M. Ishiguro，T. Michikami，A. M. Nakamura，H. Demura，S. Sasaki，N. Hirata，C. Honda，A. Yamamoto，Y. Yokota，T. Fuse，F. Yoshida，D. J. Tholen，R. W. Gaskell，T. Hashimoto，T. Kubota，Y. Higuchi，T. Nakamura，P. Smith，K. Hiraoka，T. Honda，S. Kobayashi，M. Furuya，N. Matsumoto，E. Nemoto，A. Yukishita，K. Kitazato，B. Dermawan，A. Sogame，J. Terazono，C. Shinohara，H. Akiyama，Detailed images of Asteroid 25143 Itokawa from Hayabusa，Science 312（Jun. 2006）1341 – 1344.

[62]　J. Saito，T. Nakamura，H. Akiyama，H. Demura，B. Dermawan，M. Furuya，T. Fuse，R. Gaskell，T. Hashimoto，Y. Higuchi，K. Hiraoka，N. Hirata，C. Honda，T. Honda，M. Ishiguro，K. Kitazato，S. Kobayashi，T. Kubota，N. Matsumoto，T. Michikami，H. Miyamoto，A. Nakamura，R. Nakamura，E. Nemoto，S. Sasaki，C. Shinohara，P. Smith，A. Sogame，J. Terazono，D. Tholen，A. Yamamoto，Y. Yokota，F. Yoshida，A. Yukishita，Hayabusa AMICA V1. 0. HAY – A – AMICA – 3 – HAYAMICA – V1. 0. NASA Planetary Data System，2010.

[63]　N. Sakatani，K. Ogawa，Y. Iijima，M. Arakawa，R. Honda，S. Tanaka，Thermal conductivity model for powdered materials under vacuum based on experimental studies，AIP Advances 7（1）（Jan. 2017）015310.

[64]　C. Sánchez – Sánchez，D. Izzo，Real – time optimal control via Deep Neural Networks：study on landing problems，Journal of Guidance, Control, and Dynamics 41（5）（2018）1122 – 1135.

[65]　S. Scher，Toward data – driven weather and climate forecasting：approximating a simple general circulation model with deep learning，Geophysical Research Letters 45（22）（2018）12 – 616.

[66]　A. Scorsoglio，R. Furfaro，R. Linares，B. Gaudet，Image – based deep reinforcement learning for autonomous lunar landing，in：AIAA Scitech 2020 Forum，2020，p. 1910.

[67]　L. Siltala，M. Granvik，New estimates of the mass and density of asteroid（16）Psyche，in：European Planetary Science Congress—Division of Planetary Science Joint Meeting 2019，vol. 2019，Sep. 2019，p. 1610.

[68]　A. M. Stuart，Inverse problems：a Bayesian perspective，Acta Numerica 19（2010）451 – 559.

[69]　H. C. Susorney，C. L. Johnson，O. S. Barnouin，M. Daly，J. Seabrook，D. S. Lauretta，E. B. Bierhaus，The global surface roughness of 25143 Itokawa，in：Lunar and Planetary Science Conference，in：Lunar and Planetary Science Conference，vol. 49，Mar. 2018，p. 1066.

[70]　D. P. Winebrenner，P. M. Kintner，J. A. MacGregor，New estimates of ice and oxygen fluxes across the entire lid of Lake Vostok from observations of englacial radio wave attenuation，Journal of Geophysical Research：Earth Surface 124（3）（2019）795 – 811.

[71]　J. R. Zimbelman，The role of porosity in thermal inertia variations on basaltic lavas，Icarus 68（2）（Nov. 1986）366 – 369.

注　意

　　本书涉及领域的知识和实践标准在不断变化。新的研究和经验拓展我们的理解，因此须对研究方法、专业实践或医疗方法作出调整。从业者和研究人员必须始终依靠自身经验和知识来评估和使用本书中提到的所有信息、方法、化合物或本书中描述的实验。在使用这些信息或方法时，他们应注意自身和他人的安全，包括注意他们负有专业责任的当事人的安全。在法律允许的最大范围内，爱思唯尔、译文的原文作者、原文编辑及原文内容提供者均不对因产品责任、疏忽或其他人身或财产伤害及/或损失承担责任，亦不对由于使用或操作文中提到的方法、产品、说明或思想而导致的人身或财产伤害及/或损失承担责任。

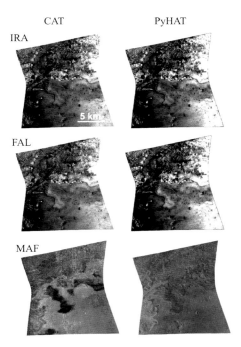

图 4 - 3　CAT（左）和 PyHAT（右）在火星上的 JEZERO 陨石坑的单个 CRISM MTRDR
场景（FRT000047A3 _ 07 _ IF166J _ MTR3. IMG，FRT 帧为 18 m/px）的三个导出
参数的结果：IRA（上）、FAL（中）和 MAF（下）（P47）

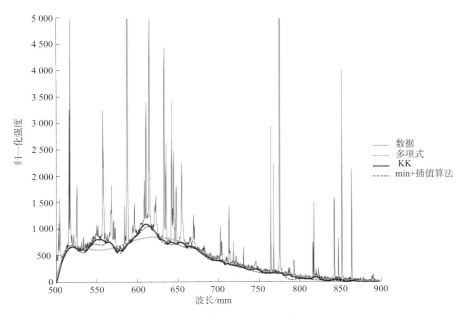

图 4 - 13　使用多项式、KK 和 min＋插值算法去除基线的示例（这些只是 PyHAT 中可用
的一些基线删除算法）（P55）

```
In [5]: #Make the PCA plot
        fig = plot.figure()
        fig.set_size_inches(10, 4)
        ax1 = fig.add_subplot(2, 2, (1, 3))
        ax2 = fig.add_subplot(2, 2, 2)
        ax3 = fig.add_subplot(2, 2, 4, xlabel='Wavelength (nm)')
        ax1.set_xlabel(xlabel)
        ax1.set_ylabel(ylabel)
        mappable = ax1.scatter(np.squeeze(x), np.squeeze(y), c=data[('comp', 'MgO')], cmap='viridis',
                               linewidth=0.2, edgecolor='Black')
        fig.colorbar(mappable, label=colorvar, ax=ax1)
        ax2.plot(wvls, loading1, linewidth=0.5)
        ax3.plot(wvls, loading2, linewidth=0.5)
        ax2.set_yticklabels([])
        ax2.set_xticklabels([])
        ax2.set_ylabel(xlabel)
        ax3.set_yticklabels([])
        ax3.set_ylabel(ylabel)
        fig.savefig('PCA_fig.png', dpi=1000)
```

图 4 - 16　前两个主成分的得分（左）和载荷（右）（轴标签上的括号中解释了％的方差）（P59）

```
In [6]: #Run k-means clustering on PCA scores
        params = {'n_clusters': 6, 'n_init': 10}
        data = cluster.cluster(data, 'PCA', 'K-Means', [], params)

In [7]: #run tSNE
        tsne_params = {'n_components': 2, 'learning_rate': 200.0,'perplexity': 175}
        data, tsne_obj = dim_red.dim_red(data,'PCA','t-SNE',[],tsne_params)

In [8]: fig = plot.figure()
        ax = fig.add_subplot(1, 1, 1)
        mappable = ax.scatter(data[('t-SNE','t-SNE-1')], data[('t-SNE','t-SNE-2')],
                              c=data[('K-Means', 'K-Means-Cluster')], cmap='viridis', linewidth=0.2, edgecolor='Black')
        fig.colorbar(mappable, label='K-Means Cluster', ax=ax)
        ax.set_xticklabels([])
        ax.set_yticklabels([])
        fig.savefig('tSNE_kmeans_fig.png', dpi=1000)
```

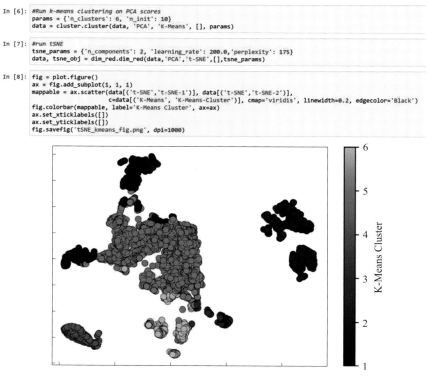

图 4 - 17　相同数据的 t - SNE 图 （P60）

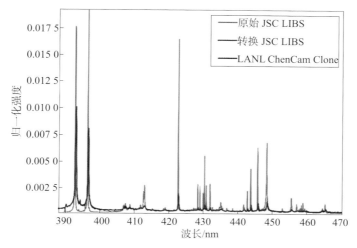

图 4-18 用分段直接标准化和 7 个光谱通道窗口的校准转移示例（P60）

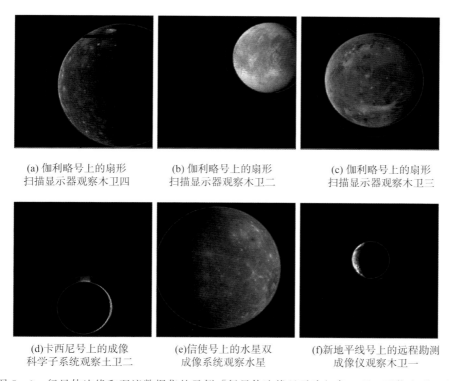

(a) 伽利略号上的扇形
扫描显示器观察木卫四

(b) 伽利略号上的扇形
扫描显示器观察木卫二

(c) 伽利略号上的扇形
扫描显示器观察木卫三

(d)卡西尼号上的成像
科学子系统观察土卫二

(e)信使号上的水星双
成像系统观察水星

(f)新地平线号上的远程勘测
成像仪观察木卫一

图 5-9　行星体边缘和羽流数据集的示例［行星体边缘显示为红色，环（可能出现羽流
的延伸区域）为蓝色；如果存在羽状物，在环内以青色阴影表示（d，f）］（P79）

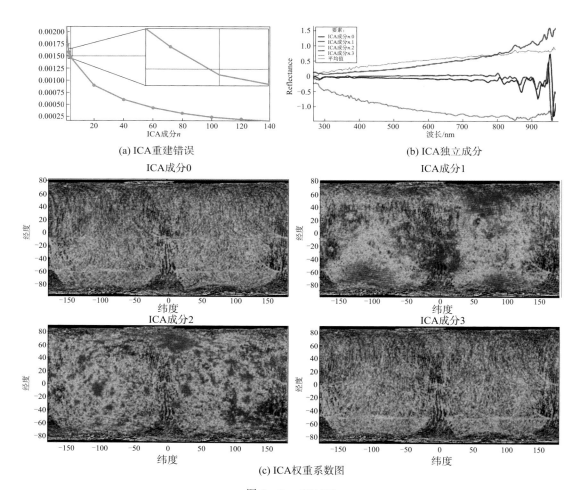

(a) ICA重建错误

(b) ICA独立成分

ICA成分0

ICA成分1

ICA成分2

ICA成分3

(c) ICA权重系数图

图 7-2 （P105）

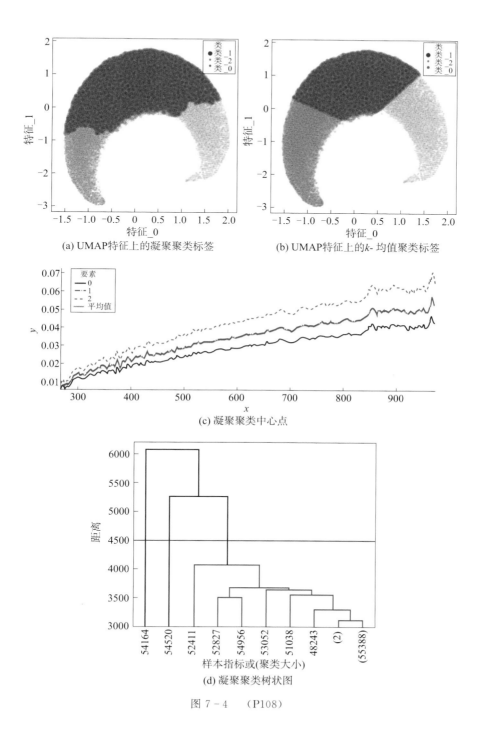

(a) UMAP特征上的凝聚聚类标签

(b) UMAP特征上的k-均值聚类标签

(c) 凝聚聚类中心点

(d) 凝聚聚类树状图

图 7 - 4　（P108）

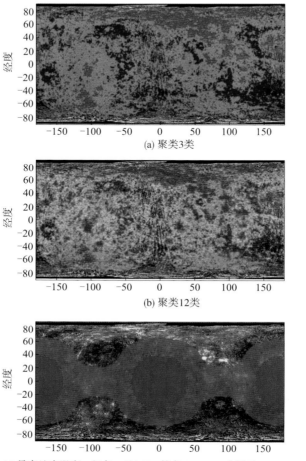

(a) 聚类3类

(b) 聚类12类

(c) 最高地表温度：红色 > 690 K，棕色 > 550 K (来源于Vasavada，1999)

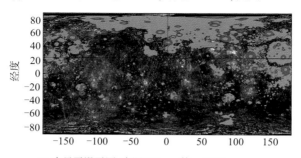

(d) 水星平滑平原 (来源于Denev等，2013)

图 7 - 5　　（P110）

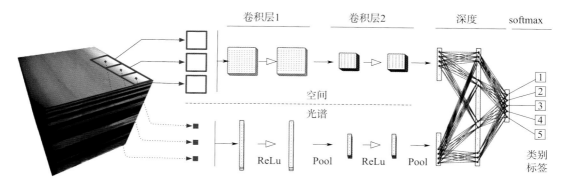

图 8-4　左：卡西尼/VIMS 数据集。蓝色点表示提取光谱的中心像素。红色正方形表示以中心光谱像素为中心的空间块。中间：两个用于光谱和空间信息的卷积层。请注意，这是一个并行单独分析。右：结合空间和谱卷积输出并将其映射到簇标签的全连接深度神经网络。白色和黑色箭头分别表示两个分支的 ReLu 和 Pool 层（119）

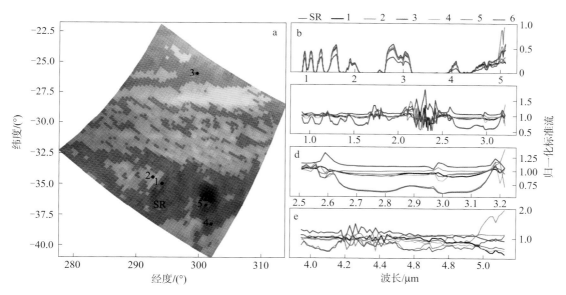

图 8-7　子图 a：卡西尼/VIMS 数据集 V1581233933 的地图，根据神经网络识别的 5 个不同聚类（SR，2，3，5，6）着色。子图 b：地图上标记位置的大气光谱。SR 光谱和标签对应于地图上蓝色指定区域的平均光谱。子图 c、d 和 e：与子图 b 相同，但为清晰起见，减去了地图的平均频谱（125）

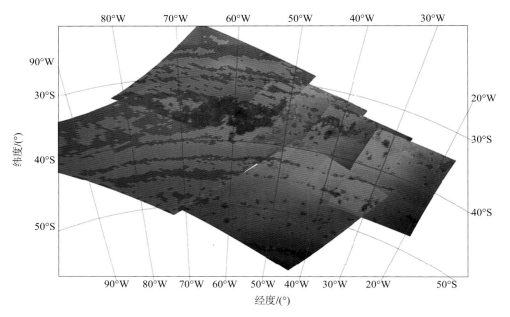

图 8-8 神经网络在六个重叠数据集中映射的云分布

与图 8-7 相同。很明显，SR 特征 [蓝色 J 发生在暗风暴附近（P126）